理想·宅 编

超实用装修宝典

装修选材一本就够

（畅销升级版）

化学工业出版社
·北京·

编写人员名单

（排名不分先后）

叶　萍　黄　肖　邓毅丰　董　菲　郭芳艳　杨　柳
赵利平　李　玲　武宏达　肖韶兰　王广洋　王力宇
谢永亮　李　广　李　峰　李　幽　梁　越　赵莉娟
潘振伟　王效孟　赵芳节　王　庶

图书在版编目（CIP）数据

装修选材一本就够：畅销升级版 / 理想·宅编. —北京：化学工业出版社，2017.1 （2019.1重印）
（超实用装修宝典）

ISBN 978-7-122-28610-9

Ⅰ.①装…　Ⅱ.①理…　Ⅲ.①住宅—室内装修—装修材料—基本知识　Ⅳ.①TU56

中国版本图书馆CIP数据核字（2016）第298074号

责任编辑：王　斌　邹　宁　　　装帧设计：张　辉

出版发行：化学工业出版社（北京市东城区青年湖南街13号　邮政编码100011）
印　　装：三河市延风印装有限公司
710mm×1000mm　1/16　印张12　字数280千字　2019年1月北京第1版第4次印刷

购书咨询：010-64518888　　　售后服务：010-64518899
网　　址：http://www.cip.com.cn
凡购买本书，如有缺损质量问题，本社销售中心负责调换。

定　　价：39.80元

前言

材料是家庭装修中最为核心的问题，也是影响到装修效果与使用质量，甚至是影响身体健康的重要方面，合理地选材不仅能够在保证装修效果的基础上大大节省费用开支，而且也能尽可能地降低装修污染。

本书基本上涵盖了家庭装修中主要基础材料与辅材的相关知识，包括了家庭装修材料的主要类别和性能，着重从材料的搭配使用、表现形式以及选购要点等方面进行了翔实的介绍。

本书第一版自推出以来，以非常强的实用性受到了众多读者的好评。本版随着行业环境的变化，进行了不少内容与信息的更新与调整。此外，本次改版还对全书的结构形式进行了大幅度的调整，大大提升了阅读体验，同时对于章节内容也做了小范围的修订，使全书内容更为精炼、实用，参考性更强。

目录

第一部分　装修材料整体规划

第二部分　主材篇

第一部分 装修材料整体规划

通常情况下，装修材料约占整体装修费用的五成左右，主材也通常由业主自己选购。如此重要的开支项目，从一开始就必须进行全盘考虑。装修有哪些材料，不同的装修档次一般选何种材料，如何看材料是否环保……这些问题都应该在装修之前就定下来。

常用装饰材料分类

表 1-1　常用装饰材料分类

类别	常见材料
装饰石材	花岗石、大理石、人造石等
装饰陶瓷	通体砖、抛光砖、釉面砖、玻化砖、陶瓷锦砖等
装饰骨架材料	木龙骨、轻钢龙骨、铝合金骨架、塑钢骨架等
装饰线条	木线条、石膏线条、金属线条等
装饰板材	木芯板、胶合板、贴面板、纤维板、刨花板、人造装饰板、防火板、铝塑板、吊顶扣板、石膏板、矿棉板、阳光板、彩钢板、不锈钢装饰板等
装饰塑料	塑料地板、铺地卷材、塑料地毯、塑料装饰板、墙纸、塑料门窗型材、塑料管材、模制品等
装饰纤维织品	地毯、墙布、窗帘、家具覆饰、床上用品、巾类织物、餐厨类纺织品、纤维工艺美术品等
装饰玻璃	平板玻璃、磨砂玻璃、压花玻璃、夹层玻璃、钢化玻璃、中空玻璃、雕花玻璃、玻璃砖、泡沫玻璃、镭射玻璃等
装饰涂料	清油清漆、厚漆、调和漆、硝基漆、防锈漆、乳胶漆、石质漆等
装饰五金配件	门锁拉手、合页铰链、滑轨道、开关插座面板等
管线材料	电线、铝塑复合管、PP-R 给水管、PVC 排水管等
胶凝材料	水泥、白乳胶、地板胶、粉末壁纸胶、玻璃胶等
装饰灯具	吊灯、吸顶灯、筒灯、射灯、壁灯、软管灯带等
卫生洁具	洗面盆、抽水马桶、浴缸、淋浴房、水龙头、水槽等
电气设备	热水器、浴霸、抽油烟机、整体橱柜等

装修材料整体费用规划

装修材料费在装修支出中所占比例最大，是影响装修造价的最主要因素。装修投入的越多，装修材料费的比例越大。市场上各种装修材料种类繁多，且等级、质量差别非常大。选择什么档次的装修材料，直接决定了装修费用的高低。

通常情况下，材料的费用支出占总装修费用的40% ~ 50%左右，在不单独考虑其他细部空间的情况下，相对合理的费用分配比例是：卫生间与厨房占45%，客厅占35%，卧室占20%。而不同的装修档次，所选用的材料自然也是有所差别的。

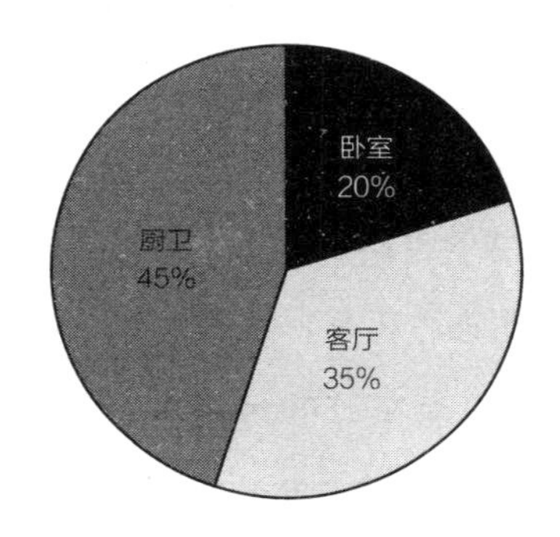

图1-1 家庭装修材料费用支出比例

经济型装修材料规划

表1-2 经济型装修材料规划

墙面、顶面	采用乳胶漆粉刷
地面	选用普通地砖铺设
厨、卫	地面采用普通防滑砖，墙面用瓷砖，顶部做PVC吊顶．
门、窗	1. 采用木质封包，普通装饰面板饰面，普通油漆 2. 房门尽量使用模压门，不但节省花费，而且简洁时尚
家具	现场制作一些尺寸适合的家具，如鞋柜、衣柜、壁柜、橱柜、书柜等

续表

造型设计	除客厅和玄关等做必要处理外，少做造型和装饰，不做顶角线和宽大的垭口、窗套
油漆	1. 如果喜欢木质感觉，可以选择清油，最好使用曲柳等经济型主材； 2. 喜欢白色可选择混油，它对主材要求不高，可以选择便宜的松木等。但混油要想出效果需要好的油工和油漆，建议用高档油漆

只用 2 万元购买装修主料，很多人会觉得太少了，但只要精打细算是可以的。

（1）地面可以购买每平方米 70 元左右的复合地板，或者选用每平方米 50 元左右的国产地砖，花费大多数情况下为 1500 元左右；

（2）洁具可以选择一些国产产品，花费在 2000 元左右；五金包括龙头、门锁、门吸、把手、开关等，尽量使用大众品牌产品，花费在 1500 元以内。

（3）最后剩下 3000 元用做配饰，每盏灯的价格控制在 80 ~ 120 元，窗帘杆价格在 20 ~ 50 元左右，窗帘可以去布艺批发城购买，可请设计师陪同购买装饰品和家具。

简单装修应该是在满足使用功能的前提下做到美观实用。

中档装修材料规划

表 1–3　中档装修材料规划

墙、顶面	墙面、顶面用乳胶漆（底漆一遍，面漆二遍），局部使用壁纸或壁布
地面	客厅地面选用中高档地砖或花岗岩一类的石材，卧室为复合木地板
厨、卫	地面采用中档防滑砖，顶部做铝板吊顶，选择有品牌的整体橱柜和洁具
门、窗	客厅、卧室选用木质门窗及套、中档窗帘杆、顶角线、踢脚板安装制作、塑钢门窗等

续表

装饰面板	1. 由于红榉、白榉这两年在家装中使用太多，最好少用或不用。 2. 浅色系可使用白枫木，深色系可以选择柚木，这两种高档木材的质感都不错。 3. 白枫木工艺要求相对较高，选择装饰公司最好看看其白枫木施工的实物样板间
油漆	建议用高档油漆

中档装修的花费可参考以下费用

（1）地面可以购买每平方米150元左右的高档复合地板，也可选择柚木、金檀木等每平方米140～400元档次的实木地板；如果会客频繁，也可选择石材或地砖，预计此项花费在1万元左右。

（2）在厨房、卫生间，可以选择每平方米80～120元的墙地砖，花费在8000元左右。

（3）洁具可以选择一些合资或进口产品中的普通型产品，花费控制在5000元左右；五金包括龙头、门锁、门吸、把手、开关、推拉门的轨道等，轨道可以考虑质量优、价格适中的合资品牌轨道，将总花费控制在5000元以内。橱柜可以考虑国产中高档品牌。

最后剩下2万元用做配饰。可以在宜家家居等特色店选择灯具，除主灯外，每盏灯的价格控制在400元以内，预计花费在5000元左右；窗帘、布艺可以在中高档装饰布艺城选购定做，预计此项花费在4000元内；装饰画和画框选择可不能马虎，可以去一些相对高档的画廊挑选，切记画不贪大、贪多，但框一定要精致，花费在3000元以内。

舒适型装修效果应该是在具备一定舒适度的基础上，能表现主人的个性、情趣、爱好。

高档装修材料规划

表 1-4　高档装修材料规划

墙面	墙面用环保型进口乳胶漆，大面积采用进口高档壁纸或壁布
顶面	顶部做吊顶造型、照明设计、顶部石膏（或木质）顶角线、发光顶棚等
地面	客厅地面选用中高档地砖、大理石或实木地板，卧室选用实木地板
厨、卫	地面选用高档防滑地砖或地板、顶部铝扣板吊顶或防水石膏板吊顶、墙面为高档墙砖铺设
门、窗	用订制成品门、局部做门套、窗套、高档进口窗帘杆、家具造型设计、断桥铝合金窗

高档的装修效果通常是在功能近乎完美的基础上，体现独特的装饰风格，要具有一定的艺术性。

家装材料的环保性控制

一般装饰材料中大部分无机材料是安全和无害的，如龙骨及配件、普通型材、地砖、玻璃等传统饰材，但有机材料中部分化学合成物对人体有一定的危害。目前市场上不少大芯板、刨花板、胶合板及复合地板使用了含有甲醛的胶黏剂；油性多彩涂料中甲苯和二甲苯的含量占 20% ~ 50%。这些物质在室内不断挥发，如果空气流通不畅，其浓度就会不断增高，给人体健康造成严重损害。因此在选择饰材时，最好选择通过 ISO 9000 系列质量体系认证或有绿色环保标志的产品。

1　墙面装饰材料的选择

家居墙面装饰尽量不要大面积使用木制板材装饰，可将原墙面抹平后刷水性涂料，也可选用新一代无污染 PVC 环保型壁纸，甚至采用天然织物，如棉、麻、丝绸等作为基材的天然壁纸。

2 地面材料的选择

地面材料的选择面较广，如地砖、天然石材、木地板、地毯等。地砖一般没有污染，如果居室大面积采用天然石材，应选用经检验放射性元素含量合格的材料。选用复合地板或化纤地毯前，应仔细查看相应的产品说明。若采用实木地板，应选购有机物散发率较低的地板胶黏剂。

3 顶面材料的选择

居室的层高一般不高，可不做吊顶，将原天花板抹平后刷水性涂料或贴环保型壁纸。若局部或整体吊顶，建议用轻钢龙骨纸面石膏板、硅钙板、埃特板等材料替代木龙骨夹板。

4 软装饰材料的选择

窗帘、床罩、枕套、沙发布等软装饰材料，最好选择含棉麻成分较高的布料，并注意染料应无异味，稳定性强且不易褪色。

5 木制品涂装材料的选择

木制品最常用的涂装材料是各类油漆，也是众人皆知的居室污染源。不过，国内已有一些企业研制出环保型油漆，均不采用含苯稀释剂，刺激性气味较小，挥发较快，应重点挑选这类产品。

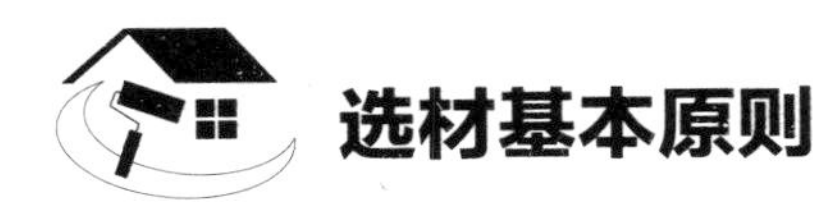

选材基本原则

家装材料的好坏直接影响装饰后的效果，而且，还给今后的生活带来一定的影响，因此在家装材料的选择上千万马虎不得。一般来说，对于普通家庭装修而言，在材料的应用与选择上需要注意以下几个原则。

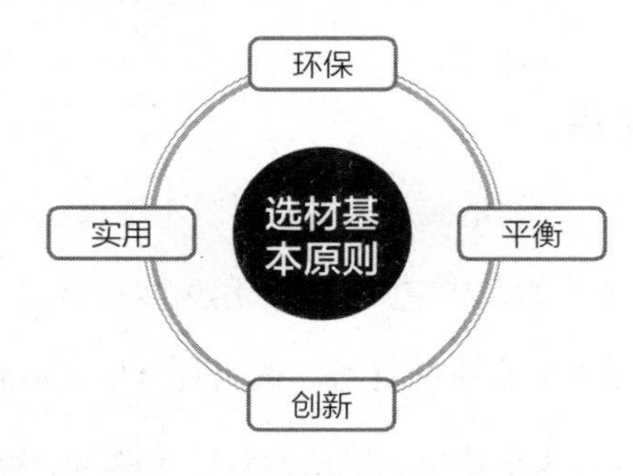

图 1–2　选材基本原则

1 环保原则

住宅内的有害气体、超标辐射等污染一般都是由家装材料造成的，已经成为住宅污染的一个主要方面。因此，在选择材料时一定要考虑到环保的因素。要选择通过国家环保认证的建材，千万不要使用国家已明令禁止的或淘汰的建材，宁可不装修或少装修，也不要用那些对人体有害的材料，把好室内装饰装修第一关。

2 实用原则

装饰材料并不是越高档越好，应和住宅的使用性能结合起来，以实用为根本。装饰材料不应该仅考虑装饰效果，还应该考虑其对住宅环境条件的改善。例如，室内吊顶和隔墙材料的选用应以纸面石膏板为主，这种材料不仅价格低，而且防火、防霉变，又能吸声隔热，调节住宅湿度。

3 平衡原则

在确定装修档次时一定要考虑自己的经济条件，量力而行。在一些不会影响整体装修质量和效果的部位可以选择一些档次稍微差一点的材料，适当控制成本。而在一些关键部位，如地面、供水排水、电器的选择就应该以质量为第一，考虑其易损耗的特点做到一步到位，宁可多花钱也不能日后再维修。这样一来，就把整体装修成本进行了平衡，既不会过度增加成本，又取得了较好的效果，经济实惠。

4 创新原则

常言说“物以稀为贵”，在住宅家装材料的选择上，突出创新是很关键的。可选择一些新型、突破常规的材料，这不仅能体现室内设计的现代和超前性，而且容易彰显个性。

选材预算原则

业主在装修时，应该提倡良性消费，能省则省，但一定要兼顾材料质量，并不是所有的材料都能省，比如下面这些材料在装修中就不能省。

1 水泥不能省

水泥在贴砖中是必须要用到的，在买水泥的时候一定要记得查看日期！也要注重水泥的质量，好的水泥才不会导致瓷砖脱落起鼓的现象。

2 大芯板要买贵的

质量不好的大芯板甲醛含量高，所以在购买时一定要选择性价比高的大品牌，不要只想着省钱！

3 购买质量好的洁具

很多人觉得一个马桶而已，不需要花大价钱去购买，其实不然。好的马桶，在用水、噪声和其他性能上都控制得很好，使用年限也更长！

4 防火、防锈涂料不能少

在验收时，要注意查看木工活是否刷了防火涂料，钉子眼上是否刷了防锈涂料，如果没有则表明工人偷工减料了，防火、防锈等工序可是家居安全的必要保护！

5 开关插座要买好的

开关插座实用频率很高。市面上有的开关插座质量很差，容易发生安全隐患。建议开关插座一定要在专卖店买品牌产品，这样才能既安全又耐用！

装修材料进场顺序

家装工程虽然不算大工程，但其中所需主材和辅材的数量也不少，各种装修主材和辅材并不是在家装工程开工后就一股脑地搬进新房内，也不是在开工之后再一件一件地开始选建材的。装修主材和辅材进场有一定的顺序，业主一定要特别注意。现在一般装修业主都是选择装修辅材由装饰公司负责，装修主材自己购买，所以业主只需操心装修主材购买的顺序，保证装修主材的供应能跟上家装工程的进度。

表1-5　家装材料准备表

序号	材料	施工阶段	准备内容
1	防盗门	开工前	最好一开工就能给新房安装好防盗门，防盗门的定做周期一般为一周左右
2	水泥、沙子、腻子等辅料	开工前	一般不需要提前预订
3	龙骨、石膏板等	开工前	一般不需要提前预订
4	白乳胶、腻子灰、砂纸等辅料	开工前	木工和油工都可能需要用到这些辅料

续表

序号	材料	施工阶段	准备内容
5	滚刷、毛刷、口罩等工具	开工前	一般不需要提前预订
6	热水器、小厨宝	水电改前	其型号和安装位置会影响到水电改造方案和橱柜设计方案
7	卫浴洁具	水电改前	其型号和安装位置会影响到水电改造方案
8	水槽、面盆	橱柜设计前	其型号和安装位置会影响到水改方案和橱柜设计方案
9	抽油烟机、灶具	橱柜设计前	其型号和安装位置会影响到电改方案和橱柜设计方案
10	排风扇、浴霸	电改前	其型号和安装位置会影响到电改方案
11	橱柜、浴室柜	开工前	墙体改造完毕就需要商家上门测量，确定设计方案，其方案还可能影响水电改造方案
12	水路改造	开工前	墙体改造完就需要工人开始工作，这之前要确定施工方案和确保所需材料到场
13	电路改造	开工前	墙体改造完就需要工人开始工作，这之前要确定施工方案和确保所需材料到场
14	室内门	开工前	墙体改造完毕就需要商家上门测量
15	门窗	开工前	墙体改造完毕就需要商家上门测量
16	防水材料	瓦工入场前	卫生间先要做好防水工程，防水涂料不需要预订

续表

序号	材料	施工阶段	准备内容
17	瓷砖、勾缝剂	瓦工 入场前	有时候有现货，有时候要预订，所以先计划好时间
18	石材	瓦工 入场前	窗台，地面，过门石，踢脚线都可能用石材，一般需要提前三四天确定尺寸预订
19	地漏	瓦工 入场前	瓦工铺贴地砖时同时安装
20	吊顶材料	瓦工开始	瓦工铺贴完瓷砖三天左右就可以吊顶，一般吊顶需要提前三、四天确定尺寸预订
21	乳胶漆	油工 入场前	墙体基层处理完毕就可以刷乳胶漆，一般到超市直接购买
22	木工板及钉子等	木工 入场前	不需要提前预订
23	油漆	油工 入场前	不需要提前预订
24	地板	较脏的工程完成后	最好提前一周订货，以防挑选的花色缺货，安排前两三天预约
25	壁纸	地板 安装后	进口壁纸需要提前20天左右订货，但为防止缺货，最好提前一个月订货，铺装前两三天预约
26	门锁、门吸、合页等	基本 完工后	不需要提前预订
27	玻璃胶及胶枪	开始全面 安装前	很多五金洁具安装时需要打一些玻璃胶密封

续表

序号	材料	施工阶段	准备内容
28	水龙头、厨卫五金件等	开始全面安装前	一般款式不需要提前预订，如果有特殊要求可能需要提前一周
29	镜子等	开始全面安装前	如果定做镜子，需要四五天制作周期
30	灯具	开始全面安装前	一般款式不需要提前预订，如果有特殊要求可能需要提前一周
31	开关、面板等	开始全面安装前	一般不需要提前预订
32	升降晾衣架	开始全面安装前	一般款式不需要提前预订，如果有特殊要求可能需要提前一周
33	地板蜡、石材蜡等	保洁前	可以买好点的蜡让保洁人员在自己家中使用
34	窗帘	完工前	保洁后就可以安装窗帘了，窗帘需要一周左右的订货周期
35	家具	完工前	保洁后就可以让商家送货了
36	家电	完工前	保洁后就可以让商家送货安装了
37	配饰	完工前	装饰品、挂件等配饰

材料进场验收

在家庭装修过程中，与装修材料有关的纠纷非常多，归根结底，无外乎人们常说的“施工方的以次充好”，以及“业主的材料供应影响施工进度和质量”这两个方面的原因。如果业主在进行装修的时候能够把好材料进场验收这一关，则能够有效地避免这两方面的问题。

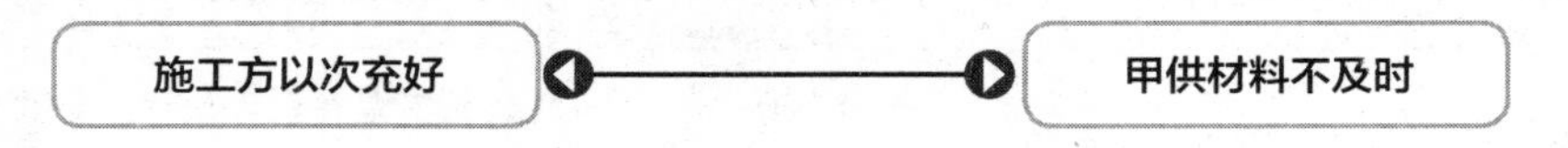

图 1–3　材料引起的纠纷

一般来说，家庭装修中，对于材料的进场验收要做好以下几点。

1 通知合同另一方材料验收的时间

材料采购以后，购买方就需要通知另一方准备对材料进行验收，而且这个验收最好是安排在材料进场时立即进行。所以，约定验收时间非常必要，以免出现材料进场时，另一方没有时间对材料进行验收，影响施工进度。

2 材料验收时装修合同中规定的验收人员必须到场

家装合同本身就是一份法律文书，一定要认真对待，最好在合同中明确规定材料验收责任人，这样即使出现问题也能够切实保障业主的权益。如果验收时规定的验收人不到场，验收人员又没有合同约定的验收人授权，或者验收人到场但没有负起验收的责任，都会容易导致出现材料问题。

3 验收程序必须严格

验收人对合同中规定的每一个材料约定都应该进行必要的检查，如质量、规格、数量等。

4 合同中规定的验收人应在验收单上签字

如果检查结果材料合格，验收人就应该在材料验收单上签字，这样做才是一个较完整的过程。

表 1-6 装修材料进场验收记录

序号	材料名称	规格型号	品牌	单位	数量	生产厂家	合格与否	备注

施工方: 业主:

年 月 日 年 月 日

第二部分
主 材 篇

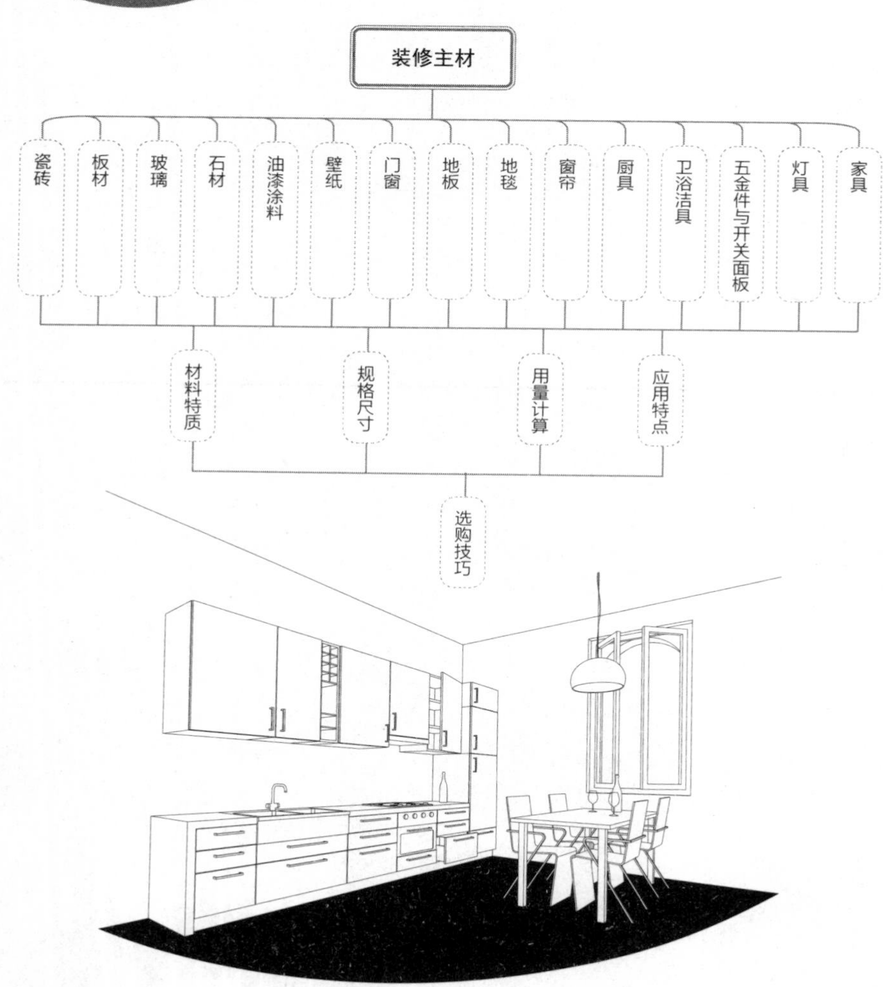

装修主材
瓷砖
板材
玻璃
石材
油漆涂料
壁纸
门窗
地板
地毯
窗帘
厨具
卫浴洁具
五金件与开关面板
灯具
家具
材料特质
规格尺寸
用量计算
应用特点
选购技巧

一、瓷砖

瓷砖的应用特点

表 2-1 瓷砖的应用特点

低吸水率	吸水率仅为 0.1% 以下，常年使用也不会变色，不留痕迹，始终如新
高耐磨	瓷砖一般为高温烧制而成，莫氏硬度高，耐磨性 <150mm³
尺寸均匀	采用电脑化的生产与检查设备，尺寸均匀平整，易于施工
耐酸性	在工业化过程中，酸雨日益严重，已成为工业环境污染的主要原因，大多品牌瓷砖均采用特种配方，高温烧成，耐酸耐碱，不留污渍，易于清洗
无辐射	瓷砖原料无辐射，避免了由于使用天然石材而产生的辐射，进而保证了人们的身体健康，是安全建材
零污染	瓷砖绿色环保无污染，更严格控制生产全过程，实现对环境的零污染

瓷砖的铺贴用量换算

墙面砖规格一般为（长 × 宽 × 厚）200mm × 200mm × 5mm、200mm × 300mm × 5mm、250mm × 330mm × 6mm、330mm × 450mm × 6mm 等，高档墙面砖还配有一定规格的腰线砖、踢脚线砖、顶脚线砖等，均有彩釉装饰，价格昂贵。地面砖规格一般为（长 × 宽 × 厚）250mm × 250mm × 6mm、300mm × 300mm × 6mm、500mm × 500mm × 8mm、600mm × 600mm × 8mm、800mm × 800mm × 10mm 等。

陶瓷墙地砖铺贴用量换算方法：以每 5m² 为例：长宽为 200mm × 200mm 需 125 块；200mm × 300mm 需 83.5 块；250mm × 330mm 需 61 块；330mm × 500mm

需 30.5 块；300mm × 600mm 需 28 块等。

国家规定合理损耗率是 2% 左右。

不同类型瓷砖的价格特点

一般深色彩釉的价格略高于浅色彩釉。进口的彩釉瓷砖价格比国产的高，每平方米价格在 100 ~ 200 元，也有 200 元以上的。瓷砖尺寸不同，价格不同，相同的品种由不同的厂家生产，价格也不同。国内知名品牌的高档瓷砖每平方米价格在 70 ~ 250 元；中档瓷砖的价位在 50 ~ 150 元；低档瓷砖大约在 20 ~ 50 元。

地砖的规格

现在市面上瓷砖的规格越来越大，地砖从 500mm × 500mm 发展到 600mm × 600mm、800mm × 800mm，甚至连 1200mm × 1200mm 的都有；墙砖最大的则为 450mm × 900mm。

由于大瓷砖铺贴起来显得大气，所以现在选择大瓷砖装修房间的人越来越多，但很多业主在铺贴完大瓷砖之后，往往会面临这样的情况：怎么看怎么感觉别扭，其主要原因是没有充分考虑实际空间的大小。因此，选购瓷砖的规格一定要考虑实际空间的大小。客厅地砖还得考虑实际可视面积，一般指的是家具等摆放后人可以看得见的面积。

如何选择地砖的配套产品

1 地坪线

地坪线指的是为了使客厅地面更富于变化而制造出的一些简洁的线条，主要是用一些和地砖主体颜色有一定区分的瓷砖加工而成。一般以深色的瓷砖加工为主，有些仿古砖也有一些配套的地坪线可供选择，主要用在地面周边或者过道、玄关等地方。

2 踢脚线

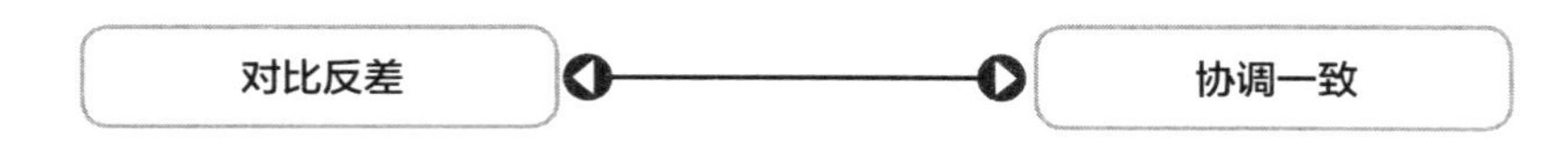

图 2-1　踢脚线选购原则

踢脚线主要是为了保护墙裙，可以选择以下两种方式之一选购使用。

（1）与地砖颜色形成较大的反差，但要注意尽量选择同一色系的产品，以便保持整体风格的统一。

（2）与地砖颜色接近，这种情况建议地面周边加铺颜色有反差的地平线。踢脚线可以直接买成品，也可以委托销售方加工，一般情况下，如果使用的是釉面的地砖，就选择釉面的踢脚线，如果是玻化砖，就选择玻化砖踢脚线。

地砖的用量计算

粗略计算方法：房间面积 ÷ 地砖面积 ×1.1= 用砖数量。

精确的计算方法：（房间长度 ÷ 砖长）×（房间宽度 ÷ 砖宽）= 用砖数量。

以长 7m、宽 5m 的房间，采用 300mm × 300mm 规格的地砖为例：房间长 7m ÷ 砖长 0.3m=24 块，房间宽 5m ÷ 砖宽 300mm=17 块，长 24 块 × 宽 17 块 = 用砖总量 408 块。

地砖在铺装中会有 3% 左右的损耗量。

墙砖和地砖的最大区别在于吸水率不同。

严格来讲，墙砖属于陶制品，而地砖通常是瓷制品，它们的物理特性不同，而且从选黏土配料到烧制工艺都是有很大区别。

（1）墙砖特点

墙砖吸水率相对比较高，通常在 10% 左右。墙砖一般是釉面砖，通俗点讲，就好像是在水泥板表面上了一层釉，这样背面粗糙的墙砖更容易与墙面贴合。通常墙砖的硬度不如地砖，但是花色要比地砖丰富一些。

（2）地砖特点

地砖相对墙砖而言，质地更为坚硬、也更耐磨耐压，其吸水率通常只有 1% 左右。市面上常见的地砖通常都是瓷质程度比较高的产品，如通体砖、玻化砖、抛光砖等。由于瓷质化比较高，因此地砖虽然可以用在墙面，但是铺贴起来比较费劲，而且容易脱落。

釉面砖的特点

釉面砖又称为陶瓷砖、瓷片或釉面陶土砖，是一种传统的卫浴墙面砖。釉是覆盖在陶瓷砖表面的玻璃质薄层，具有玻璃般的光泽和透明性，使得陶瓷砖表面密实、光亮、不吸水、抗腐蚀、耐风化、易于清洁。釉面砖有如下特性。

表 2–2 釉面砖的应用特点

吸水率低	釉面砖的吸水率不大于 21%
耐急冷急热性	指釉面砖承受温度急剧变化而不出现裂纹的性质。试验采用的冷热温度差为 130℃ ±2℃
强度高	釉面砖的弯曲强度平均值不小于 16MPa，当砖的厚度大于或等于 7.5mm 时，弯曲强度平均值不小于 13MPa
耐久	经抗龟裂性试验，釉面无裂纹
耐腐蚀	釉面抗化学腐蚀性是指釉面在酸碱溶液的作用下抗腐蚀的能力。釉面的耐腐蚀等级依次分为 AA 级、A 级、B 级、C 级和 D 级五个等级

釉面砖的选购技巧

在购买釉面砖时，应注意以下几点。

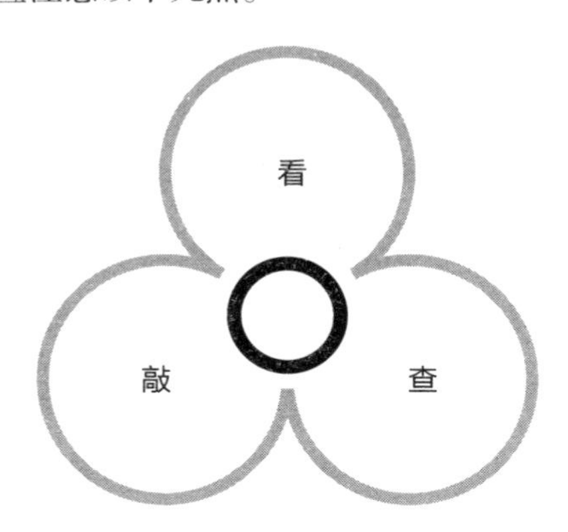

图 2–2 釉面砖选购技巧

（1）在光线充足的环境中把釉面砖放在离视线半米的距离外，观察其表面有无开裂和釉裂，然后把釉面砖反转过来，看其背面有无磕碰情况，只要不影响正常使用，有些磕碰也可以的。但如果侧面有裂纹，且占釉面砖本身厚度一半或一半以上的时候，此砖就不宜使用了。

（2）随便拿起一块釉面砖，然后用手指轻轻敲击釉面砖的各个位置，如声音一致，则说明内部没有空鼓、夹层；如果声音有差异，则可认定此砖为不合格产品。

（3）选购有正式厂名、商标及检测报告等的正规合格釉面砖。

仿古砖的特点

仿古砖是从彩釉砖演化而来的，实质上是上釉的瓷质砖。与普通的釉面砖相比，其差别主要表现在釉料的色彩上面，仿古砖属于普通瓷砖，与瓷片基本是相同的。所谓仿古，指的是砖的效果，其实应该叫仿古效果的瓷砖。仿古砖仿造以往的样式做旧，用带着古典的独特韵味吸引着人们的目光，为体现岁月的沧桑、历史的厚重，通过样式、颜色、图案，营造出怀旧的氛围。

与抛光砖相比，仿古砖还有以下六大优势。

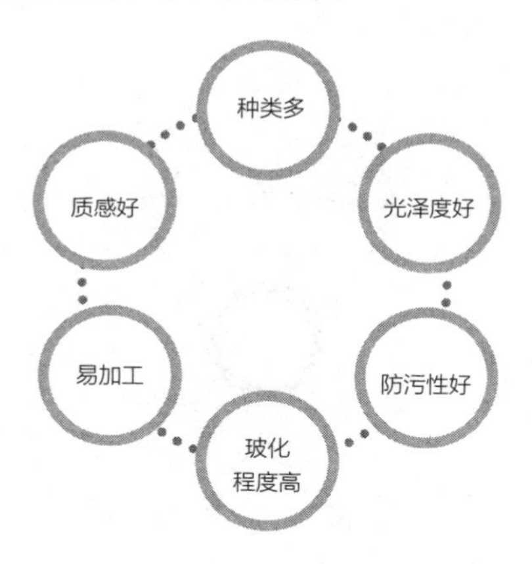

图 2-3　仿古砖优点

表 2-3　仿古砖的特点

种类多	仿古砖品种、花色较多，尺寸较大，而抛光砖只能在釉面上做文章，没有质地的改变和变化，尺寸相对较小（最大 600mm × 600mm）

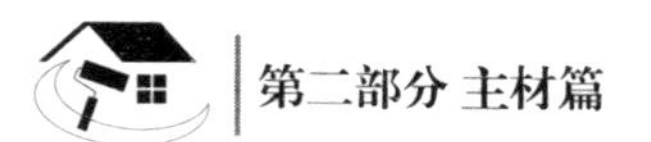

续表

光泽度好	仿古砖光泽度高，表面硬度高达 7 级，富丽堂皇，装饰效果极佳（由于抛光砖表面有一层釉玻璃体，其硬度只有≤ 6 级）
质感好	仿古砖极似天然石材，质地感、立体感强，而抛光砖是釉面装饰，故其只有平面效果
易加工	仿古砖可以任意加工成各种配件，提高地面的装饰效果和时尚感，抛光砖因为上面覆盖一层釉，故不可以任意切割、磨边、倒角等
防污性好	由于抛光砖是没有釉层保护的，因此其防污能力较仿古砖稍差
玻化程度高	仿古砖是瓷质砖，其玻化程度高，吸水率≤ 0.5%，抗折强度高达 38MPa。而抛光砖是炻质，吸水率较高，其强度较低只有 28MPa 左右。
规格	仿古砖的规格通常有：300mm × 300mm、400mm × 400mm、500mm × 500mm、600mm × 600mm、300mm × 600mm、800mm × 800mm，欧洲以 300mm × 300mm、400mm × 400mm 和 500mm × 500mm 的为主；国内则以 600mm × 600mm 和 300mm × 600mm 的为主；300mm × 600mm 则是目前国内外流行的规格

仿古砖的选购技巧

表 2-4 仿古砖的选购技巧

仿古砖并非越厚越好	其实瓷砖的好坏与它的薄厚没有关系，瓷砖的好坏在于其本身的质地，目前国际建筑陶瓷发展的方向是轻、薄、结实、耐用、有个性
仿古砖并非不防滑	其实仿古砖光洁度高，砖面平整度好，能够与鞋底充分接触，从而增大了砖面与鞋底之间的摩擦力，达到了防滑的目的
仿古砖不易清洁	作为亚光砖，大部分仿古砖表面的釉面层都是经过特殊处理的，基本上取得了耐磨、防滑、不吸脏、易清洁的效果

抛光砖的特点

抛光砖是通体坯体的表面经过打磨形成的一层光亮层的砖种，是通体砖的一种。

相对于通体砖的平面粗糙而言，抛光砖外观光洁，质地坚硬耐磨。通过渗花技术可制成各种仿石、仿木效果。但是，抛光砖有一个很明显的缺点——易脏，这是抛光砖在抛光时留下的凹凸气孔造成的，这些气孔会藏污纳垢。所以，一些优质的抛光砖都会增加一层防污层。

抛光砖有如下几种。

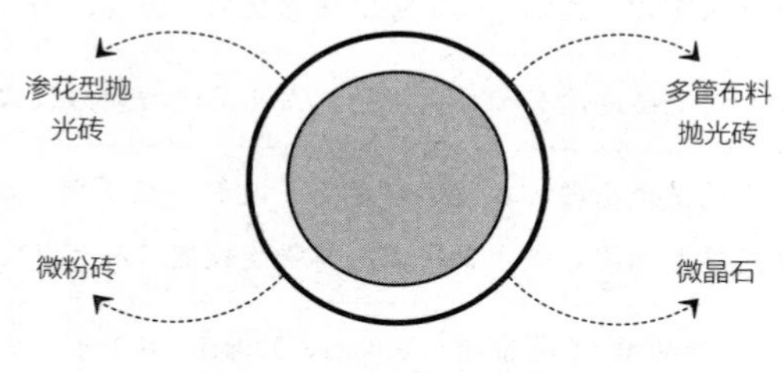

图 2-4　抛光砖主要种类

1 渗花型抛光砖

最基础型的产品，这类产品很普遍。其生产工艺就是在坯体上施上一层渗花釉，在表层大概 5mm 处，然后经过两次抛光，修边，倒角，再做一遍防污处理就可以出厂了。需要注意的就是最后的这道防污工艺。有的厂家的防污处理得很好，用的是进口的防污剂，但是有的厂家用的就是很便宜的，甚至还有不用防污剂的，只是用蜡做处理。这样的产品在刚铺贴时候还没有什么问题，但时间长了，就会出现很多的漏抛的地方，或者类似球印的地方。再有就是渗污、菜汤、茶水之类的都会渗到瓷砖里面，很难清洗。

目前市场上 90% 以上的抛光砖都是渗花型的。

2 微粉砖

在坯体表面又撒上一层更细的粉料，其坯体和表层所用的原料都是一样的，就是表层的粉料又经过球磨机再次长时间的球磨，然后将粉料用刮刀刮在坯体上，再压制一次即可。

这类产品有一个优点和两个缺点，优点是表层颗粒细，直接带来的好处就是吸水率低，防渗透的能力强；但缺点是花色简单、单调；还有就是由于是两次压制的，有时候会容易造成夹层开裂。

3 多管布料抛光砖

这类产品的生产工艺比较特殊，粉料下料的时候是由很多料管一次性下料、一次压制成型的。这类产品花色纹路都很自然，每片砖大体都差不多，细看却不一样，很大程度上能替代大理石。但是这类产品有一个问题，就是选择余地比较小，只有少数厂家生产。

4 微晶石

最大的特点是基本上不渗脏东西，它的吸水率基本等于零。如果仔细观察它的侧面，其厚度基本上和 3 块普通抛光砖相等。它是由两层物质结合压制的产物，表层就好像是一层玻璃。但是微晶石也有缺点——不耐磨，时间一长就会被鞋上带的砂子磨花（砂子等同于石英，它的硬度要比玻璃高得多，所以微晶石禁不住沙子的摩擦）。因为是两次压制成型的产品（微粉砖也是一样），所以容易开裂。

抛光砖的选购技巧

在选购抛光砖时，应注意以下几点。

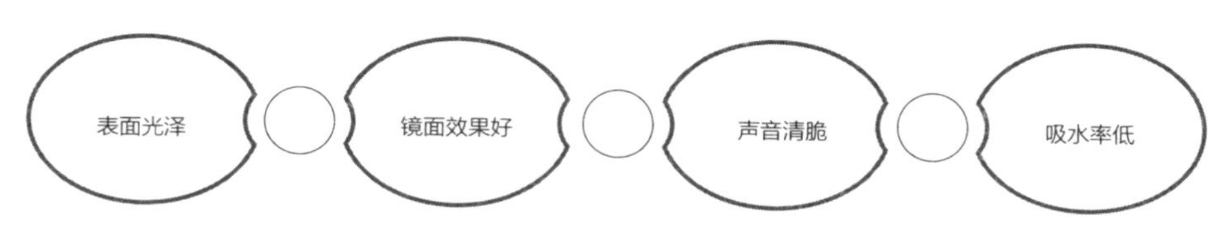

图 2-5　抛光砖选购技巧

（1）抛光砖表面应光泽亮丽，无划痕、色斑、漏抛、漏磨、缺边、缺角等缺陷。

把几块砖拼放在一起应没有明显色差，砖体表面无针孔、黑点、划痕等瑕疵。

（2）注意观察抛光砖的镜面效果是否强烈，越光亮的产品硬度越好，玻化程度越高，烧结度越好，而吸水率就越低。

（3）用手指轻敲砖体，若声音清脆，则瓷化程度高、耐磨性强、抗折强度高、吸水率低、且不易受污染；若声音混哑，则瓷化程度低甚至存在裂纹、耐磨性差、抗折强度低、吸水率高、极易受污染。

（4）以少量墨汁或带颜色的水溶液倒于砖面，静置两分钟，然后用水冲洗或用布擦拭，看残留痕迹是否明显。如只有少许残留痕迹，则砖体吸水率低、抗污性好、理化性能佳；如有明显或严重的痕迹，则砖体玻化程度低、质量低劣。

亚光砖和抛光砖哪个装修效果好?

总体来说，家庭装修中还是用抛光砖的多，能够突出客厅的阔达，视线也有一定的延伸。不过不少人觉得亚光砖不刺激眼睛、有品位，而且最主要的是防滑。

（1）大众材料——不会犯错的抛光砖

优点：强度高、重量轻、敞亮、基本无色差

缺点：不防滑、容易渗入污染、花色单调

（2）情调渲染——搞点氛围的亚光砖

优点：素雅、防滑、维护方便、效果丰富

缺点：亮度不够、不太好打理、效果略为个性

（3）喜好不同，选择不同

喜欢敞亮的肯定是抛光砖，想要氛围的那就考虑亚光砖；愿意经常打扫卫生的可以选亚光砖，只想随便搞搞卫生的选抛光砖，现代风格一般用抛光砖的多，田园风格用亚光砖的多；客厅、餐厅用抛光砖的多，厨房、卫浴地面多用亚光砖。

玻化砖的特点

玻化砖的出现很好地解决了抛光砖易脏的问题。玻化砖又称为全瓷砖，是由优质高岭土强化高温烧制而成，表面光洁但又不需要抛光，因此不存在抛光气孔的问题。其吸水率小、抗折强度高，质地比抛光砖更硬更耐磨。玻化砖与抛光砖类似，但是制作要求更高，要求压机更好，能够压制更高的密度，同时烧制的温度更高，能够做到全瓷化。

表 2-5 玻化砖的特点

无色差	色彩艳丽柔和，没有明显色差
全瓷化	高温烧结、完全瓷化生成了莫来石等多种晶体，性能稳定，耐腐蚀、抗污性强
厚度薄	厚度相对较薄，抗折强度高，砖体轻巧，建筑物荷重减少
无污染	无有害元素
强度高	抗折强度大于 45MPa（花岗岩抗折强度约为 17 ~ 20MPa）

玻化砖规格一般较大，通常为（长 × 宽 × 厚）600mm × 600mm × 8mm、800mm × 800mm × 10mm、1000mm × 1000mm × 10mm、1200mm × 1200mm × 12mm 等。

玻化砖的选购技巧

在选购玻化砖时，应注意玻化砖虽然表面性状相差不大，但内在品质却差距较大。因此选择口碑好的品牌显得尤为重要。

专业的玻化砖生产厂家对原料、采购、高温煅烧、打磨抛光、分级挑选、打包入库等几十道工序都有严格的标准规范，因此质量比较稳定。而一些小规模的抛光砖厂仅有抛光设备，砖坯需外购，由于前期工序非本企业控制，而且走的大都是低质、低价路线，因此对质量的要求相对较低。

在一个玻化砖品牌中，会有很多系列品种，根据材质及工艺不同，如有“普通渗花”、“普通微粉”、“聚晶微粉”、“魔术布料”、“垂直布料”等不同的系列，价格是不同的。“普通渗花”是最普通的一种，家庭装修中采用较多。家庭装修可以根据不同的风格选择不同的系列产品。

马赛克的特点

马赛克源自古罗马和古希腊的镶嵌艺术。古罗马人用不同颜色的小石子、贝类或玻璃片等彩色嵌片拼合而组成缤纷多彩的图案。到了拜占庭时期，被古罗马人高度图形化的马赛克艺术空前盛行，因嵌片表面质感有强烈的装饰韵味，所以当时的基督教堂大都用彩色玻璃马赛克作装饰。如今的马赛克经过现代工艺的打造，在色彩、质地、规格上都呈现出多元化的发展趋势，而且品质优良。一般由数十块小砖拼贴而成，小瓷砖形态多样，有方形、矩形、六角形、斜条形等，形态小巧玲珑，具有防滑、耐磨、不吸水、耐酸碱、抗腐蚀、色彩丰富等特点。

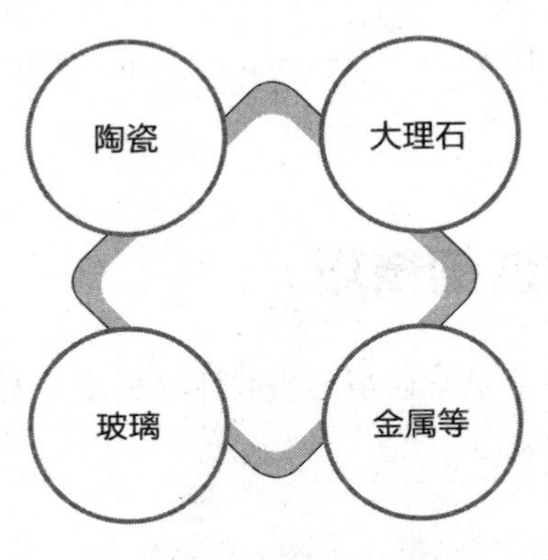

图 2-6　常见马赛克种类

目前应用较为广泛的有玻璃马赛克和金属马赛克，其中由于价格原因，最为流行的当属玻璃马赛克。随着马赛克品种的不断更新，马赛克的应用也变得越来越广泛，适用于厨房、卫浴、卧室、客厅等。因为现在的马赛克可以烧制出更加丰富的色彩，也可用各种颜色搭配拼贴成自己喜欢的图案，所以可以镶嵌在墙上作为背景墙。马赛克的一般规格有20mm×20mm、25mm×25mm、30mm×30mm，厚度依次在4 ~ 4.3mm。

马赛克的选购技巧

在选购马赛克时，应注意以下几点。

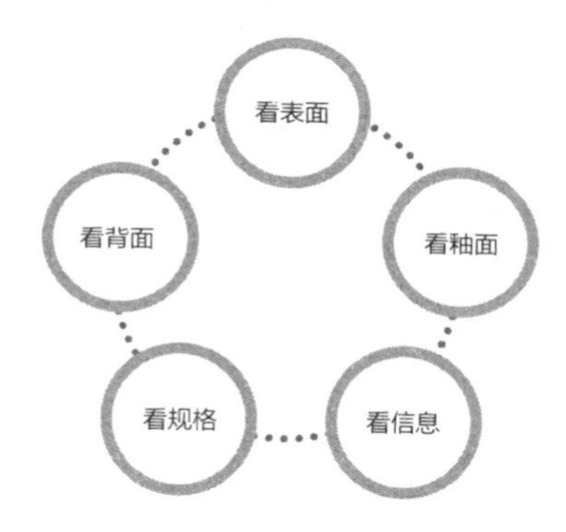

图2-7 马赛克的选购技巧

（1）在自然光线下，距马赛克半米目测有无裂纹、疵点及缺边、缺角现象，如内含装饰物，其分布面积应占总面积的20%以上，且分布均匀。

（2）马赛克的背面应有锯齿状或阶梯状沟纹。选用的胶黏剂除保证粘贴强度外，还应易清洗。此外，胶黏剂还不能损坏背纸或使玻璃马赛克变色。

（3）抚摸其釉面应可以感觉到防滑度，然后看厚度。厚度决定密度，密度高吸水率才低，吸水率低是保证马赛克持久耐用的重要因素，可以把水滴到马赛克的背面，水滴往外溢的质量好，往下渗透的质量劣。另外，内层中间打釉的通常是品质好的马赛克。

（4）选购时要注意颗粒之间是否同等规格、是否大小一样，每小颗粒边沿是否整齐，将单片马赛克置于水平地面检验是否平整，单片马赛克背面是否有太厚的乳胶层。

（5）品质好的马赛克包装箱表面应印有产品名称、厂名、注册商标、生产日期、色号、规格、数量和重量（毛重、净重），并应印有防潮、易碎、堆放方向等标志。

二、板材

装修中常用的木质板材

板 装修中常用的木质板材基材和饰面板见图 2–8。

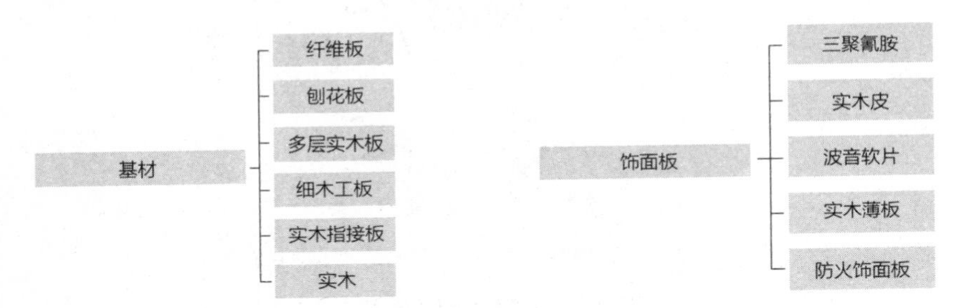

图 2–8　常用木质基材和木饰面板

（1）纤维板是以植物纤维为主要原料，按密度分为低密度纤维板、中密度纤维板和高密度纤维板。纤维板因为用胶量较大，环保性略差。

（2）刨花板也称颗粒板等，常用的实木颗粒板就是刨花板的一种。刨花板可作板式家具的承载构件，有一定的用胶量。

（3）多层实木板是胶合板的一种，又称夹板，是由木段旋切成单板或由木方刨切成薄木，再用胶黏剂胶合而成的三层或多层的板状材料。3mm 的夹板用来做有弧度的吊顶，9mm、12mm 的多用来做柜子背板，隔断，踢脚线。

（4）细木工板俗称大芯板，由两片单板中间胶压拼接木板而成。作为一种厚板材，细木工板比厚胶合板质地轻，耗胶少，并给人以实木感。

（5）实木指接板就是将经过深加工处理过的实木小块像“手指头”一样拼接起来。因为板材构造本身有一定的结合力，又因不用再上下粘表面板，所以其用胶很少，是较木工板更为环保的一种板材。

（6）实木自古就是纯天然的家具用材，纹理细腻真实，使用寿命长，防潮性好，只是价格较高。

家装中常用的板材，常需要在外面饰面、贴面、吸塑、包覆或者上漆等，以达到美观、环保和耐用的效果。常见的饰面材料分别有三聚氰胺、实木皮、实木薄板、波音软片和防火板等。

（1）三聚氰胺饰面是将装饰纸表面印刷花纹后，放入三聚氰胺胶浸渍，制作成三聚氰胺饰面纸，再经高温热压在板材基材上。三聚氰氨板也称双饰面板、免漆板、生态板。

（2）实木皮饰面是将实木皮经高温热压机贴于板材上，成为实木贴皮饰面板。实木贴皮板因其手感真实，自然，档次较高，是目前国内外高档家具采用的主要饰面方式。

（3）波音软片饰面。波音软片是一种比较薄的装饰纸，材质多为 PVC，主要用于中密度纤维板的表面饰面。波音软片因表面无需油漆而较为环保。

（4）实木薄板饰面是将实木薄板用胶水贴于基板上。由于在粘接时用胶量非常大，所以极不环保，并容易出现起泡与脱落。

（5）防火板饰面，又名高压装饰耐火板，一般由表层纸、色纸、基纸三层构成。防火饰面板不能单独使用，装修中通常所说的防火板，是以防火饰面板饰面的板材。

装修中板材的选购技巧

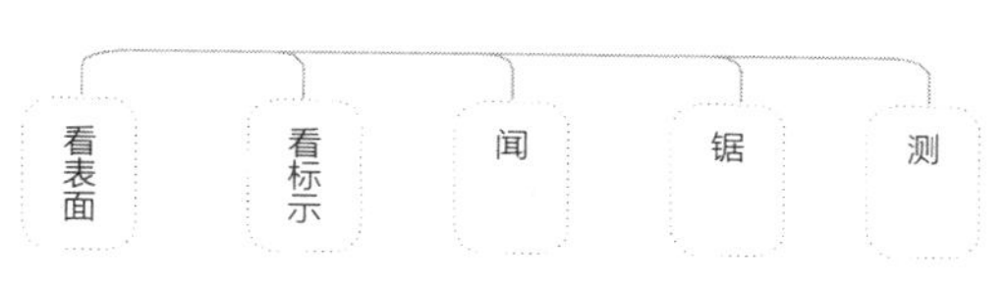

图 2-9　鉴别板材方法

1 看表面

好的板材平整光滑，重点看下板边，层次应该清楚、无批灰、不会加颜色。批过灰、加过颜色的板材多有问题。

2 看标示

包装商标和板材喷码应该清楚规范，厂名地址、等级规格、相关认证一个都不可少。

3 气味

甲醛释放量直接影响到业主的健康。好板材选料好，也会使用环保胶水，即使大量堆放，也不会散发出刺鼻气味。如果板材送过来后，室内化学气味明显，那就要引起业主的注意了。可以要求查看品牌检测凭据，或者拨打相关品牌的防伪电话以辨真假。

4 查断面

把板材从横的地方（即宽）锯开来看，合格板材断面层次清楚，不同层胶合好，粘接很牢，无分层。购买前可以要求商家提供小样，或者直接和商家要求当场随机选块切开看内芯。杂木拼接或内芯有不密实的板子就可拒绝购买。

5 含水率

影响板材材料稳定性最重要的一个因素就是含水率，经过严格干燥窖烘干处理的板子即使经过仓储、运输后，含水率也该在 16% 之内。如果板材含水率过高，几个月后就会扭曲变形，甚至霉变，造成漆面脱落，非常碍眼，成为新家装修中永远的缺憾。现在有专门的仪器可以现场检测，合不合格，一测就出来了。部分有实力的商家会提供这样的现场验货服务。

细木工板的特点

细木工板又称为大芯板、木芯板，它是利用天然旋切单板与实木拼板经涂胶、热压而成的板材。

（1）从结构上看它是在板芯两面贴合单板构成的，板芯则是由木条拼接而成的实木板材。其竖向（以芯材走向区分）抗弯压强度差，但横向抗弯压强度较高。细木工板具有规格统一、加工性强、不易变形、可粘贴其他材料等特点，是室内装饰装修中常用的木材制品。

（2）细木工板握钉力好，强度高，具有质坚、吸声、绝热等特点，而且含水率在 10% ~ 13% 之间，且施工简便，用途最为广泛。细木工板虽然比实木板材稳定性强，但怕潮湿，施工中应注意避免用在厨卫。

（3）细木工板从加工工艺上可分为两类。一类是手工板，是用人工将木条镶入夹层之中，这种板握钉力差、缝隙大，不宜锯切加工，一般只能整张使用，如做实木地板的垫层等。另一类是机制板，质量优于手工板，质地密实，夹层树种握钉力强，可做各种家具。但有些小厂家生产的机制板板内空洞多，粘接不牢固，质量很差。

细木工板根据材质的优劣及面材的质地可分为“优等品”、“一等品”及“合格品”。也有企业将板材等级标为 A 级、AA 级和 AAA 级，但是这只是企业行为，国家标准中根本没有“AAA 级”，目前市场上已经不允许出现这种标注。

大芯板内芯的材质有许多种，如杨木、桦木、松木、泡桐等。其中以杨木、桦木为最好，质地密实，木质不软不硬，握钉力强，不易变形；而泡桐的质地较软，吸收水分大，不易烘干，制成板材在使用过程中，当水分蒸发后，板材易干裂变形。而硬木质地坚硬，不易压制，拼接结构不好，握钉力差，变形系数大。

细木工板的选购技巧

细木工板的工艺要求很高，不仅需要足够的场地让木材有充足的时间进行适应性自然干燥，而且还要通过干燥窑进行严格的干燥工艺控制。尤其是国家强制实行装饰装修有害物质限量达标之后，用于大芯板的胶黏剂必须进行改进，仅此一项成本就增加不少，而且原材料价格还在不断提升。因此，由于成本的限制，市场上售价低于 80 元的细木工板一定不要购买。业主在选购时，应注意以下几点。

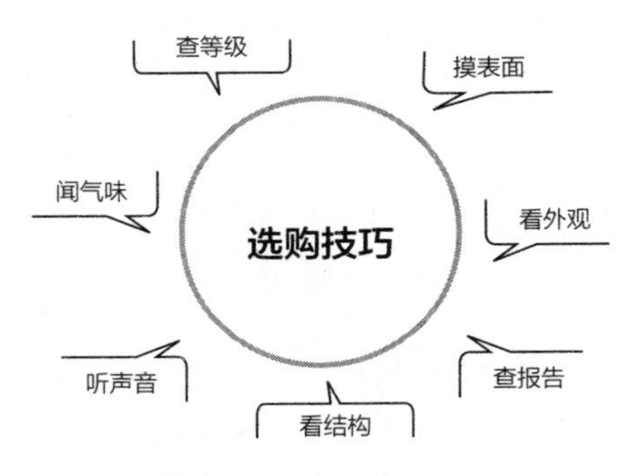

图 2–10　细木工板的选购技巧

（1）细木工板的质量等级分为优等品、一等品和合格品，细木工板出厂前，应在每张板背右下角加盖不褪色的油墨标记，表明产品的类别、等级、生产厂代号、检验员代号；类别标记应当标明室内、室外字样。如果这些信息没有或者不清晰，消费者就要注意了。

（2）外观检查，挑选表面平整，节疤、起皮少的板材；观察板面是否有起翘、弯曲，有无鼓包、凹陷等；观察板材周边有无补胶、补腻子现象。查看芯条排列是否均匀整齐，缝隙越小越好。板芯的宽度不能超过厚度的 2.5 倍，否则容易变形。

（3）用手触摸，展开手掌，轻轻平抚木芯板板面，如感觉到有毛刺扎手，则表明质量不高。

（4）用双手将细木工板一侧抬起，上下抖动，倾听是否有木料拉伸断裂的声音，有则说明内部缝隙较大，空洞较多。优质的细木工板应有一种整体感、厚重感。

（5）从侧面拦腰锯开后，观察板芯的木材质量是否均匀整齐，有无腐朽、断裂、虫孔等，实木条之间缝隙是否较大。

（6）将鼻子贴近细木工板剖开截面处，闻一闻是否有强烈刺激性气味。如果细木工板散发清香的木材气味，说明甲醛释放量较少；如果气味刺鼻，说明甲醛释放量较多，还是不要购买。

（7）向商家索取细木工板检测报告和质量检验合格证等文件，细木工板的甲醛含量应≤ 1.5mg/L，才可直接用于室内，而≤ 5mg/L 必须经过饰面处理后才允许用于室内。所以，购买时一定要问清楚是不是符合国家室内装饰材料标准，并且在发票上注明。

要防止个别商家为了销售伪劣产品有意混淆 E 1 级和 E 2 级的界限。细木工板根据其有害物质限量分为 E 1 级和 E 2 级两类，其有害物质主要是甲醛。家庭装饰装修只能使用 E 1 级的细木工板，E 2 级的细木工板即使是合格产品，其甲醛含量也可能要超过 E 1 级板 3 倍多。

在购买后，装车时要注意检查装车的细木工板是否与销售时所看到的样品一致，防止不法商家“偷梁换柱”。

胶合板的特点

胶合板是由木段旋切成单板或木方刨成薄木，再用胶黏剂胶合而成的三层或三层以上的板状材料。为了尽量改善天然木材各向异性的特性，使胶合板特性均匀、形状稳定，制作胶合板时，其单板厚度、树种、含水率、木纹方向及制作方法都应该相同。层数必须为奇数，如三、五、七、九合板等，以使各种内应力平衡。

我国相关国家标准规定，普通胶合板按树种分针叶材胶合板和阔叶材胶合板；按胶层的耐水性及耐久性可分成一至四类胶合板。

表 2-6　胶合板划分

类别	特点	性能	应用
一类胶合板	耐气候、耐沸水胶合板	具有耐久、耐煮沸或蒸汽处理和抗菌等性能，是由酚醛树脂胶或其他性能相当的胶黏剂胶合而成	适用于航空、船舶、车厢制造、混凝土模板或要求耐水性良好的木制品构件上
二类胶合板	耐水胶合板	能在冷水中浸渍，能经受短时间热水浸渍，并具有抗菌等性能，但不耐煮沸，是由脲醛树脂胶或其他性能相当的胶黏剂胶合而成	适用于车厢、船舶、家具制造及室内装修等以及其他室内用途的木制品上
三类胶合板	耐潮胶合板	能耐短时间冷水浸渍，是由低树脂含量的脲醛树脂胶、血胶或性能相当的胶黏剂胶合而成	适用于家具制造，包装等室内用途的木制品上
四类胶合板	具有一定的胶合强度	是由豆胶或其他性能相当的胶黏剂胶合而成	主要用于包装及一般室内用途的木制品上

注：以上四类胶合板中，二类胶合板为常用胶合板，一类胶合板次之，而三、四类胶合板极少使用

胶合板的选购技巧

在室内装饰装修中，由于使用的位置不同，胶合板的规格、厚度不同，在选购之前要做好预算，列好清单，避免不必要的浪费。在挑选时，应注意以下几点。

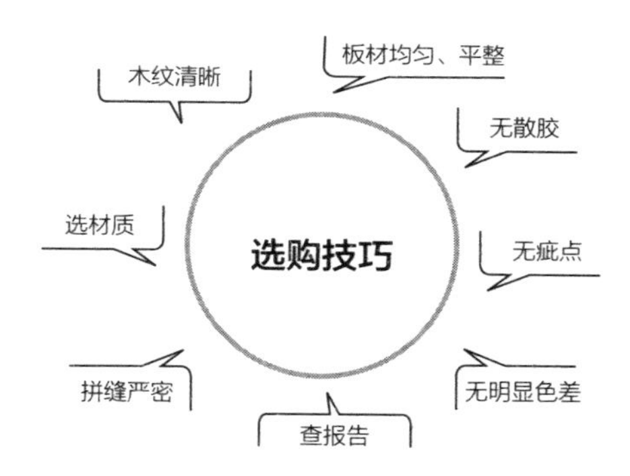

图 2-11　胶合板的选购技巧

（1）胶合板要木纹清晰，正面光洁平滑，不毛糙，要平整无滞手感。夹板有正反两面的区别。

（2）胶合板不应有破损、碰伤、硬伤、节疤等疵点。长度在 15mm 之内的树脂囊、黑色灰皮每平方米要少于 4 个；长度在 150mm、宽度在 10mm 的树脂漏每平方米要少于 4 条；角质节（活节）的数量要少于 5 个，且面积小于 15mm；没有密集的发丝干裂现象以及超过 200mm × 0.5mm 的裂缝。

（3）双手提起胶合板一侧，能感受到板材是否平整、均匀，有无弯曲起翘的张力。

（4）个别胶合板是将两个不同纹路的单板贴在一起制成的，所以要注意胶合板拼缝处是否应严密，是否有高低不平现象。

（5）要注意已经散胶的胶合板。如果手敲胶合板各部位时，声音发脆，则证明质量良好。若声音发闷，则表示胶合板已出现散胶现象。或用一根 50cm 左右的木棒，将胶合板提起轻轻敲打各部位，声音匀称、清脆的基本上是上等板；如发出“壳壳”的哑声，就很可能有因脱胶或鼓泡等引起的内在质量毛病。这种板只能当衬里板或顶底板用，不能作为面料。

（6）胶合板应该没有明显的变色及色差，颜色统一，纹理一致。注意是否有腐朽变质现象。

（7）挑选时，要注意木材色泽与家具油漆颜色相协调。一般水曲柳、椴木夹板为淡黄色，荸荠色家具都可使用，但柳桉夹板有深浅之分，浅色涂饰没有什么问题，但深色的只可制作荸荠色家具，而不宜制作淡黄色家具，否则家具色泽发暗。尽管深色可用氨水洗一下，但处理后效果不够理想，家具使用数年后，色泽仍会变色发深。

（8）向商家索取胶合板检测报告和质量检验合格证等文件，胶合板的甲醛含量应≤ 1.5mg/L，才可直接用于室内，而≤ 5mg/L 必须经过饰面处理后才允许用于室内。

纤维板的特点

纤维板又称密度板，是以木材或植物纤维为主要原料，加入添加剂和胶黏剂，在加热加压的条件下形成的一种板材。纤维板因做过防水处理，其吸湿性比木材小，形状稳定性、抗菌性都较好。

纤维板结构均匀，板面平滑细腻，容易进行各种饰面处理，尺寸稳定性好，芯层均匀，厚度尺寸规格变化多，可以满足多种需要。根据密度不同，纤维板分为低密度、中密度和高密度板。一般型材规格为 1220mm × 2440mm，厚度 3 ～ 25mm 不等。

表 2-7　纤维板种类划分

分类原则	类别	特点
按原料分类	木质纤维板	用木材加工废料加工而成的
	非木质纤维板	以芦苇、稻草等草本植物和竹材等加工而成的
按处理方式分类	特硬质纤维板	经过增强剂或浸油处理的纤维板，强度和耐水性好，室内外均可使用
	普通硬质纤维板	没有经过特殊处理的纤维板
按密度分类	高密度纤维板	密度大于 800kg/m³
	中密度纤维板	密度为 500 ～ 700kg/m³
	低密度纤维板	密度小于 400kg/m³

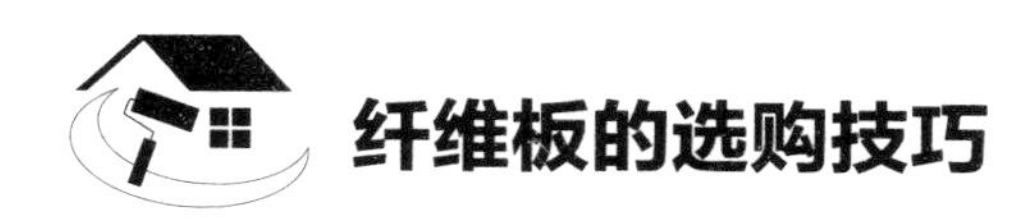

纤维板的选购技巧

在选购纤维板时，应注意以下几点。

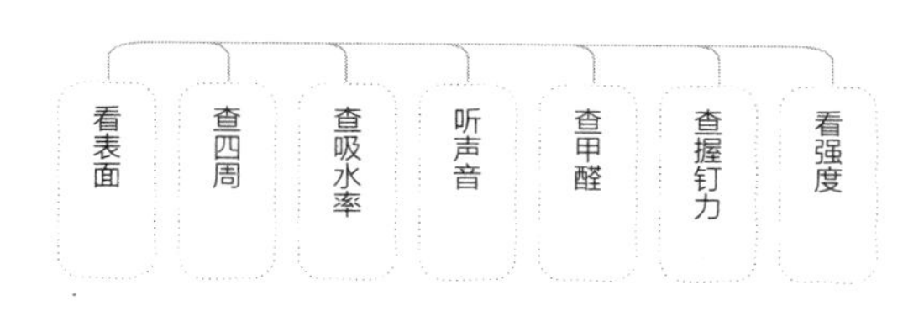

图 2-12　纤维板的选购技巧

（1）纤维板应厚度均匀，板面平整、光滑，没有污渍、水渍、粘迹。

（2）四周板面细密、结实、不起毛边。

（3）注意吸水厚度膨胀率。如不合格将使纤维板在使用中出现受潮变形甚至松脱等现象，使其抵抗受潮变形的能力减弱。

（4）用手敲击板面，声音清脆悦耳，均匀的纤维板质量较好。声音发闷，则可能发生了散胶问题。

（5）注意甲醛释放量超标。纤维板生产中普遍使用的胶黏剂是以甲醛为原料生产的，这种胶黏剂中总会残留有反应不完全的游离甲醛，这就是纤维板产品中甲醛释放的主要来源。甲醛对人体黏膜，特别是呼吸系统具有强刺激性，会影响人体健康。

（6）找一颗钉子在纤维板上钉几下，看其握螺钉力如何，如果握螺钉力不好，在使用中会出现结构松脱等现象。

（7）拿一块纤维板的样板，用手用力掰或用脚踩，以此来检验纤维板的承载受力和抵抗受力变形的能力。

薄木贴面板的特点

薄木贴面板市场上称为装饰饰面板，是胶合板的一种，是新型的高级装饰材料，利用珍贵木料如紫檀木、花樟、楠木、柚木、水曲柳、榉木、胡桃木、影木等通过精密刨切制成厚度为0.2 ~ 0.5mm的微薄木片，再以胶合板为基层，采用先进的胶黏剂和粘接工艺制成。装饰饰面板具有花纹美观、装饰性好、真实感强、立体感突出等特点，是目前室内装饰装修工程中常用的一类装饰面材。

常用的国产树种有水曲柳、桦木、椴木、樟木、酸枣、苦楝、梓木、拟赤杨、绿南、龙南、榉木等；进口的树种有柚木、花梨木、桃花心木、枫木、榉木、橡木等。市场中销售的薄木贴面板有如下特征。

表2-8 薄木贴板分类及特点

水曲柳	水曲柳饰面板又分直纹曲柳和大花曲柳两种。直纹曲柳，就是水曲柳的纹路是一排排垂直排列的，大花曲柳也就是我们通常见到的纹路，像水波纹一样，有流动感。水曲柳纹路复杂，颜色显黄显黑，价格偏低，市场上一张水曲柳饰面板的价格一般在40元左右，如运用得当，处理得法，也不失为一种实用的装饰板材的选择
红榉木	红榉木饰面板的表面没有明显的纹理，只有一些细小的针尖状小点。红榉木的颜色一般偏红，纹理轻细、颜色统一，并且视觉效果好，价格适中，一张红榉木饰面板的价格在50元左右，符合了人们追求简洁、明快、舒适的装修理念
橡木、枫木和白榉木	橡木饰面板纹路比枫木饰面板的纹路小，枫木的纹路和水曲柳的纹路相近白榉木饰面板和红榉木饰面板纹路一样，只不过颜色发白，基本上和橡木饰面板、枫木饰面板一样。但是与这三种饰面板相配的实木线条相当难找，一般多用白木线条或漂白后的水曲柳线条来为这些饰面板收边。因此在家庭装修中大面积用这些饰面板来装饰的比较少，但可以用它们进行小范围的点缀，比如卧室门、壁柜门可以用白榉或枫木装饰中间部分，四周用红榉加框。橡木、枫木等饰面板，小面积点缀效果较佳
胡桃木	颜色由淡灰棕色到紫棕色，纹理粗而富有变化。透明漆涂装后纹理更加美观，色泽更加深沉稳重。胡桃木饰面板在涂装前要避免表面划伤泛白，涂装次数要比其他饰面板多1 ~ 2道
黑檀	色泽油黑发亮，木质细腻坚实，为名贵木材，山纹有如幽谷，直纹形似苍林。装饰效果浑厚大方，为装饰材料之极品

续表

樱桃木	新材从深红色至淡红棕色，纹理通直，细纹里有狭长的棕色髓斑及微小的树胶囊，结构细。平均密度为580kg/m³，相对密度为0.58。在装饰设计中，它独有的暖色赤红感，可表现出高贵感觉，适合搭配典雅高贵的木材。使用时注意不要过多，否则会造成色彩污染。价格因木材差距比较大，进口板材效果突出，价格昂贵
柚木	高级进口木材，油性丰富，线条清晰，色泽稳定，装饰风格稳重，属于装饰家具不可或缺的高级材料。纹理有直纹和山纹之分，直纹表现出非凡风格，山纹则彰显沉稳风范
雀眼树瘤	形似雀眼，与其他饰板搭配，有画龙点睛的效果
玫瑰树瘤	质地细腻，色泽鲜丽，图案独特，适用于点缀配色
美国樱桃	自然柔美，色泽粉中带绿，高贵典雅，装饰效果呈现高感度视觉效果
沙比利	线条粗犷，颜色对比鲜明，装饰效果较为大方，是家具用料中不可缺少的高级木材
安丽格	色泽略带浅黄，线条高雅迷人，别有一番情境
红影	即安格丽水波，有如动感水影，呈现活泼自然的效果
斑马木	色泽深鲜，线条清楚，呈现独特的装饰效果
麦格丽	材质精细，色泽对比鲜明，呈现较强的立体感
巴花木	图形丰富多彩，色泽奇丽，花纹亮丽，装饰于门板、吊顶等，独具奇观
玫瑰木	线条纹理鲜明，色泽均匀，装饰效果呈现清晰的现代感
梨木	材质精细，纹路细腻，色泽亮丽，呈现夺目鲜丽的效果，是装饰装修中不可多得的材料
白影	即西卡蒙水波。产于欧洲，色泽白皙光洁，呈现光水影的效果
白胡桃	色泽略浅，纹理有厚实感，让居家装饰呈现浓厚的归属感
风影	色泽白皙光亮，图形变化万千，纹理细密，有如孔雀开屏

薄木贴面板的选购技巧

市场上所销售的薄木贴面板一般分为天然板和科技板两种。

表 2-9　天然板和科技板比较

类别	材质	价格
天然版	饰面材料为优质天然木皮	价格较高
科技板	机械印刷品	价格较低

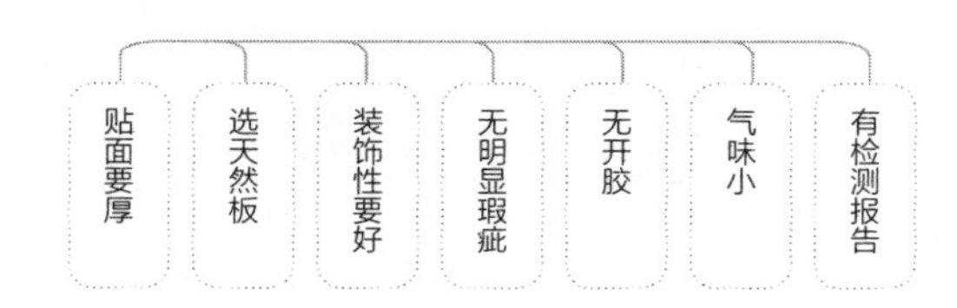

图 2-13　薄木贴面板的选购技巧

在选购时，应注意以下几点。

（1）观察贴面表皮，看贴面的厚薄程度，越厚的性能越好，油漆后实木感越真、纹理也越清晰、色泽鲜明饱和度越好。

（2）天然板和科技板的区别：前者为天然木质花纹，纹理图案自然变异性比较大、无规则；而后者的纹理基本为通直纹理，纹理图案有规则。

（3）装饰性要好，其外观应有较好的美感，材质应细致均匀、色泽清晰、木色相近、木纹美观。

（4）表面应无明显瑕疵，其表面光洁，无毛刺沟痕和刨刀痕；应无透胶现象和板面污染现象；表面有裂纹裂缝，节子、夹皮，树脂囊和树胶道的尽量不要选择。

（5）无开胶现象，胶层结构稳定。要注意表面单板与基材之间、基材内部各层之间不能出现鼓包、分层现象。

（6）要选择甲醛释放量低的板材。可用鼻子闻，气味越大，说明甲醛释放量越高，污染越厉害，危害性越大。

（7）应购买有明确厂名、厂址、商标的产品，并向商家索取检测报告和质量检验合格证等文件。

刨花板的特点

刨花板是利用木材或木材加工剩余物作为原料，加工成碎料后，施加胶黏剂和添加剂，经机械或气流铺装设备铺成刨花板坯，后经高温高压而制成的一种人造板材。刨花板具有密度均匀、表面平整光滑、尺寸稳定、无节疤或空洞、握钉力佳、易贴面和机械加工成本较低等特点。

表 2-10　刨花板的优缺点

优点	1. 有良好的吸声和隔声性能，还能绝热； 2. 内部为交叉错落结构的颗粒状，各部方向的性能基本相同，横向承重力好； 3. 刨花板表面平整，纹理逼真，密度均匀，厚度误差小，耐污染，耐老化，美观，可进行油漆和各种贴面； 4. 刨花板在生产过程中，用胶量较小，环保系数相对较高
缺点	1. 内部为颗粒状结构，不易于铣型； 2. 在裁板时容易造成暴齿的现象，所以部分工艺对加工设备要求较高，不宜现场制作

刨花板的选购技巧

刨花板的纤维结构粗糙，材质差，密合强度弱，而且板材比较脆。在选购的时候要符合设计的要求，并选用密合度高、刨花纤维细致、表面光洁、无变形的板材。同时还应注意以下几点。

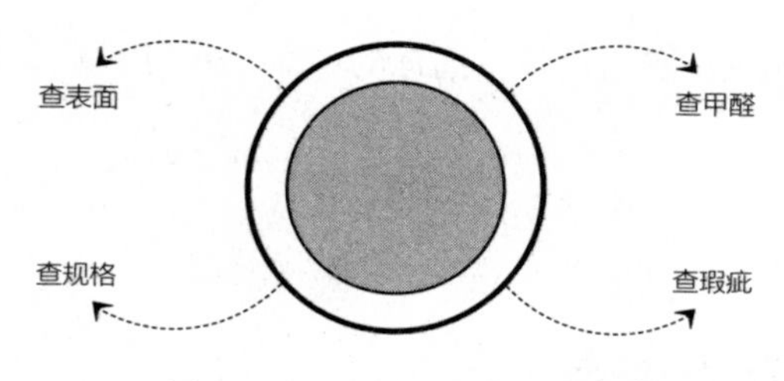

图 2-14 刨花板的选购技巧

（1）注意厚度是否均匀，板面是否平整、光滑，有无污渍、水渍、胶渍等。

（2）刨花板的长、宽、厚尺寸公差。国标有严格规定，长度与宽度只允许正公差，不允许负公差。而厚度允许偏差，则根据板面平整光滑的砂光产品与表面毛糙的未砂光产品二类而定。经砂光的产品，质量高，板的厚薄公差较均匀。未砂光产品精度稍差，在同一块板材中各处厚、薄公差较不均匀。

（3）注意检查游离甲醛含量，我国规定 100g 刨花板中不能超过 50mg 游离甲醛含量。随便拿起一块刨花板的样板，用鼻子闻一闻，如果板中带有强烈的刺激味，这显然是超过了标准要求，尽量不要选择。

（4）刨花板中不允许有断痕、透裂、单个面积 >40mm 的胶斑、石蜡斑、油污斑等污染点、边角残损等缺陷。

有的装修师傅说实木颗粒板就是三聚氰胺板，这个说法是不对的！三聚氰胺板是以普通刨花板为基材，把装饰纸泡在三聚氰胺溶液里，然后再经过热压压上去；实木颗粒板是将木材的边角料弄成颗粒和碎末，再加液体胶和添加剂汇合而成的，是按照刨花板工艺成产的一种板材，属于刨花板的一种，叫做均质刨花板，物理性能和档次比普通刨花板要高一些。

石膏板的特点

石膏板是以石膏为主要原料，加入纤维、胶黏剂、稳定剂，经混炼压制、干燥而成。具有防火、隔声、隔热、轻质、高强、收缩率小等特点，且稳定性好、不老化、防虫蛀、施工简便。

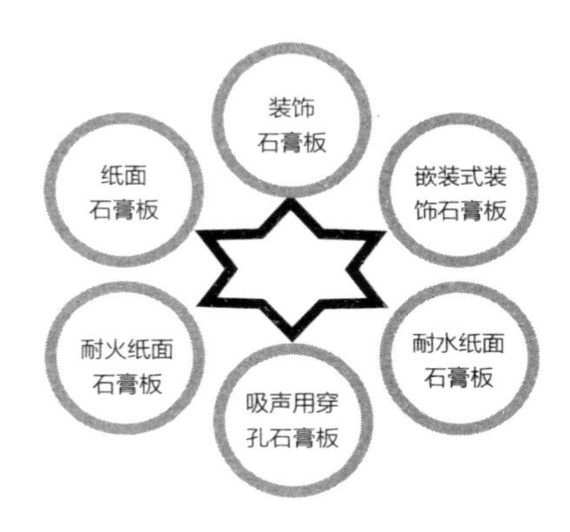

图 2-15　石膏板的种类

1 装饰石膏板

它是以建筑石膏为主要原料，掺入适量增强纤维、胶黏剂等，经搅拌、成型、烘干等工艺而制成的不带护面纸的装饰板材。具有重量轻、强度高、防潮、防火等性能。装饰石膏板为正方形，其棱边断面形状有直角形和倒角形两种，不同形状拼装后装饰效果不同。

根据板材正面形状和防潮性能的不同，装饰石膏板分为普通板和防潮板两类。普通装饰石膏板用于卧室、客厅等空气湿度小的地方，而防潮装饰石膏板则应用于厨房、卫生间等空气湿度大的地方。

2 纸面石膏板

它是以建筑石膏板为主要原料，掺入适量的纤维与添加剂制成板芯，与特制的护面纸牢固粘连而成。具有重量轻、强度高、耐火、隔声、抗震和便于加工等特点。

石膏板的形状以棱边角为特点，使用护面纸包裹石膏板的边角形态有直角边、45° 倒角边、半圆边、圆边、梯形边。

3 嵌装式装饰石膏板

它是以建筑石膏为主要原料，掺入适量的纤维增强材料和外加剂，与水一起搅拌成均匀的料浆，经浇注、成型、干燥而成的不带护面纸的板材。板材背面四边加厚，并带有嵌装企口，板材正面为平面、带孔或带浮雕图案。

4 耐火纸面石膏板

它是以建筑石膏为主要原料，掺入适量耐火材料和大量玻璃纤维制成耐火芯材，并与耐火的护面纸牢固地粘在一起。

5 耐水纸面石膏板

它是以建筑石膏为原材料，掺入适量耐水外加剂制成的耐水芯材，并与耐水的护面纸牢固地粘在一起。

6 吸声用穿孔石膏板

它是以装饰石膏板和纸面石膏板为基础板材，并有贯通于石膏板正面和背面的圆柱形孔眼，在石膏板背面粘贴具有透气性的背覆材料和能吸收入射声能的吸声材料等组合而成。吸声用穿孔石膏板的棱边形状有直角形和倒角形两种。

石膏板的选购技巧

在选购石膏板时，应注意以下几点。

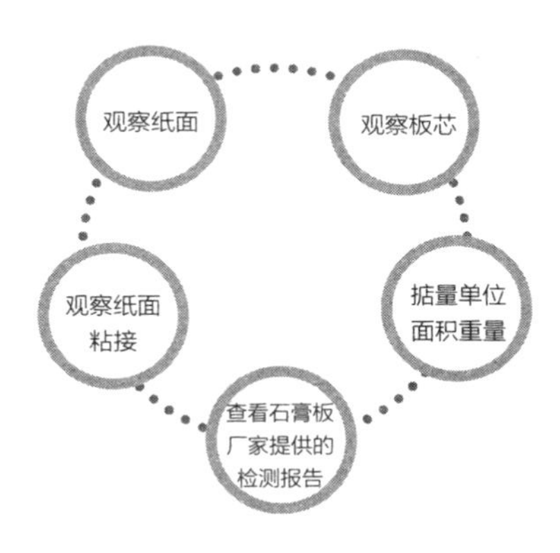

图 2-16 石膏板的选购技巧

1 观察纸面

优质纸面石膏板用的是进口的原木浆纸，纸轻且薄，强度高，表面光滑，无污渍，纤维长，韧性好。而劣质的纸面石膏板用的是再生纸浆生产出来的纸张，较重较厚，强度较差，表面粗糙，有时可看见油污斑点，易脆裂。纸面的好坏还直接影响到石膏板表面的装饰性能。优质纸面石膏板表面可直接涂刷涂料，劣质纸面石膏板表面必须做满批腻子后才能做最终装饰。

2 观察板芯

优质纸面石膏板选用高纯度的石膏矿作为芯体材料的原材料，而劣质的纸面石膏板对原材料的纯度缺乏控制。纯度低的石膏矿中含有大量的有害物质，好的纸面石膏板的板芯白，而差的纸面石膏板板芯发黄，含有黏土，颜色暗淡。

3 观察纸面粘接

用裁纸刀在石膏板表面划一个 45° 角的“叉”，然后在交叉的地方揭开纸面，优质的纸面石膏板的纸张依然粘接在石膏芯上，石膏芯体没有裸露；而劣质纸面石膏板地纸张则可以撕下大部分甚至全部纸面，石膏芯完全裸露出来。

4 掂量单位面积重量

相同厚度的纸面石膏板，优质的板材比劣质的一般都要轻。越轻越好，当然是在达到标准强度的前提下。

5 查看石膏板厂家提供的检测报告

应注意，委托检验仅仅对样品负责，有些厂家可以特别生产一批很好的板材去做检测，然而平时生产的产品不一定能够达到要求，所以抽样检测的报告才能代表普遍的生产质量。正规的石膏板生产厂家每年都会安排国家权威的质量检测机构赴厂家的仓库进行抽样检测。

PVC 扣板的特点

PVC 扣板又称为塑料扣板，是以聚氯乙烯树脂为主要原料，加入适量的抗老化剂、改性剂等，经混炼、压延、真空吸塑等工艺而成的。PVC 扣板具有如下特点。

（1）轻质、隔热、保温、防潮、阻燃、施工简便。

（2）耐腐蚀、易清洗消毒。

（3）坚固性能和耐冲击性能高、防水、不渗水。

（4）无毒、防霉变。浅色系列不褪色、不变色、板材的颜料不溢出。

（5）不易凝结水珠，安装吊顶时能轻松形成弧度以防止冷凝水滴落。

（6）干挂式安装，榫口式简易装配、牢固不脱落。

（7）多种配件，满足墙角、地角和顶角的弧形要求，且质优价廉。

PVC扣板的规格、色彩、图案繁多，极富装饰性，多用于室内厨房、卫生间的顶面装饰。其外观呈长条状居多，宽度为200～450mm不等，长度一般有3000mm和6000mm两种，厚度为1.2～4.0mm。

PVC扣板的选购技巧

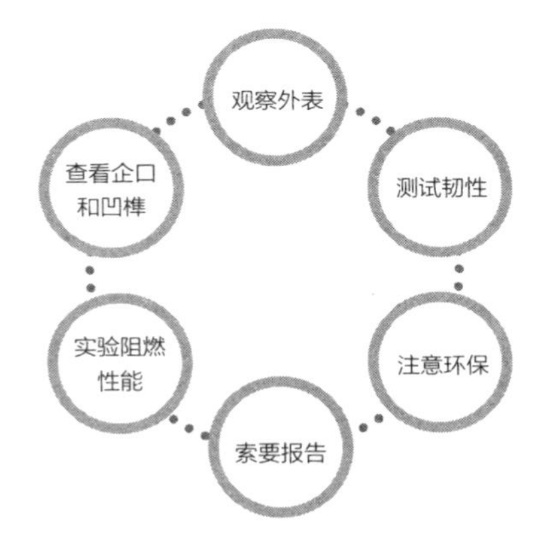

图2-17 PVC扣板的选购技巧

1 观察外表

外表要美观、平整，色彩图案要与装饰部位相协调。无裂缝、无磕碰、能装拆自如，表面有光泽、无划痕；用手敲击板面声音清脆。

2 查看企口和凹榫

PVC扣板的截面为蜂巢状网眼结构，两边有加工成型的企口和凹榫，挑选时要注意企口和凹榫完整平直，互相咬合顺畅，局部没有起伏和高度差现象。

3 测试韧性

用手折弯不变形，富有弹性，用手敲击表面声音清脆，说明韧性强，遇有一定压力不会下陷和变形。

4 实验阻燃性能

拿小块板材用火点燃，看其易燃程度，燃烧慢的说明阻燃性能好。其氧指标应该在 30% 以上，才有利于防火。

5 注意环保

如带有强烈刺激性气味则说明环保性能差，对身体有害，应选择刺激性气味小的产品。

6 索要报告

向经销商索要质检报告和产品检测合格证等证明材料，以避免以后不必要的麻烦。产品的性能指标应满足热收缩率小于0.3%、氧指数大于35%、软化温度80℃以上、燃点 300℃以上、吸水率小于 15%、吸湿率小于 4%。

铝塑板的特点

铝塑复合板又称铝塑板，是由多层材料复合而成，上下层皆为高纯度铝合金板，中间为低密度聚乙烯芯板，并与胶黏剂复合为一体的轻型装饰材料。铝塑板有如下性能。

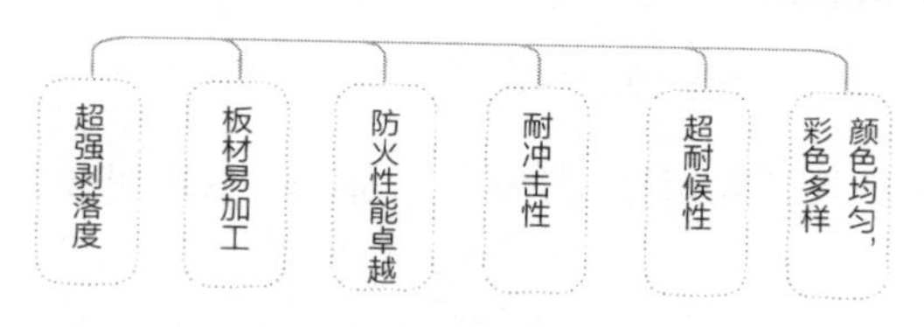

图 2-18　铝塑板的特点

1 超强剥离度

铝塑板采用了新工艺，将铝塑复合板最关键的技术指标剥离强度，提高到了极佳状态，使铝塑复合板的平整度、耐候性方面的性能都相应提高。

2 材质轻易加工

铝塑板每平方米的质量仅在 3.5 ~ 5.5kg，且易于搬运，因其具有优越的施工性，只需简单的木工工具即可完成切割、裁剪、刨边、弯曲成弧形、直角的各种造型。可配合设计人员，做出各种的变化，安装简便、快捷，减少了施工成本。

3 防火性能卓越

铝塑板中间是阻燃的物质 PE 塑料芯材，两面是极难燃烧的铝层，因此是一种安全防火材料，符合建筑法规的耐火需要。

4 耐冲击性

耐冲击性强、韧性高、弯曲不损面漆，抗冲击力强，在家庭装修中安全系数高，特别适用于家中有孩童的家庭。

5 超耐候性

由于采用了以 KYNAR-500 为基料的 PVDF 的氟碳漆，在耐候性方面有独特的优势，在炎热的阳光照射下，可保持漂亮的外观不褪色达 20 年。

6 涂层均匀，彩色多样

经过化成处理及创新皮膜技术，油漆与铝塑板间的附着力均匀一致，颜色多样，使得选择空间更大，尽显家居的个性化。

目前材料市场上铝塑板的种类繁多，室内室外、各种颜色、各种花式令人目不暇接。作为一种很常见的装饰材料，被广泛应用于室内装饰装修中，如客厅、卧室、厨房、卫浴等。

铝塑板的选购技巧

市场上的铝塑板质量不等，一不留神就容易上当受骗。市场上铝塑板的差价也很大，从每张 60 ~ 200 元都有，在选购时应注意以下几点。

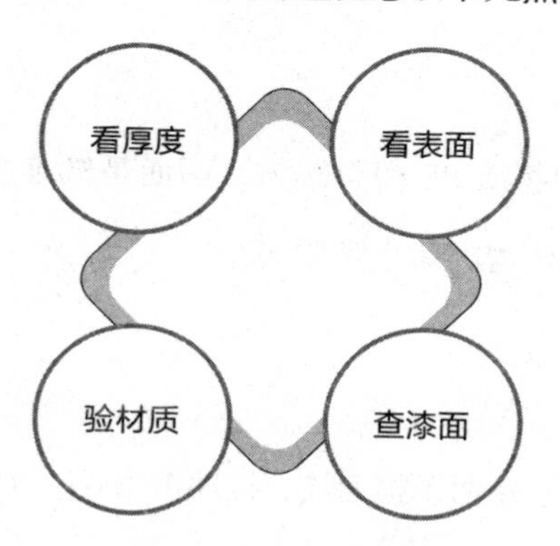

图 2-19　铝塑板的选购技巧

（1）看其厚度是否达到要求，必要时可使用游标卡尺测量一下。还应准备一块磁铁，检验一下所选的板材是铁还是铝。

（2）看铝塑板的表面是否平整光滑、无波纹、无鼓泡、无疵点、无划痕。

（3）随意掰下铝塑板的一角，如果易断裂，则说明不是 PE 材料或是掺杂假冒伪劣材料；然后可用随身携带的打火机烧一下，如果真正的 PE 应可以完全燃烧，掺杂假冒伪劣材料的燃烧后有杂质。

（4）拿两块铝塑板样板相互划擦几下，看是否掉漆。表面喷漆质量好的铝塑是采用进口热压喷涂工艺，漆膜颜色均匀，附着力强，划擦后不易脱漆。

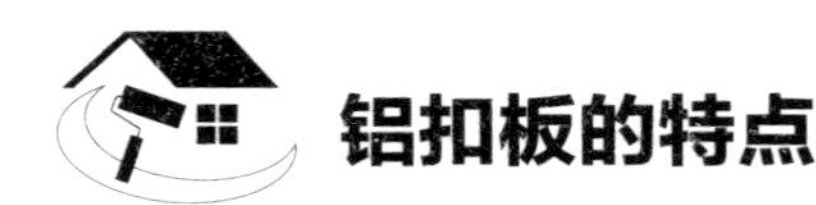

铝扣板的特点

铝扣板又称为金属扣板，其表面通过吸塑、喷涂、抛光等工艺，光洁艳丽，色彩丰富，并且逐渐取代塑料扣板。铝扣板耐久性强，不易变形、不易开裂，质感和装饰感方面均优于塑料扣板，且具有防火、防潮、防腐、抗静电、吸声、隔声、美观、耐用等特点。

表 2-11 吸声板和装饰板的区别

吸声板	吸声板孔型有圆孔、方孔、长圆孔、长方孔、三角孔、大小组合孔等，底板大都是白色或铝色
装饰板	装饰板则注重装饰性，线条简洁流畅，有多种形状可以选择，如长方形、方形等

根据表面处理工艺的不同主要有以下几种：静电喷涂、烤漆、滚涂、珠光滚涂和覆膜。

（1）静电喷涂、烤漆使用寿命短，容易出现色差。

（2）滚涂、珠光滚涂板使用寿命居中，没有色差。

（3）覆膜板又可分为普通膜与进口膜，普通膜与滚涂板相比，使用寿命相对要低，而进口膜的使用寿命基本上能达到20年不变色。

铝扣板在室内装饰装修中，多用于厨房、卫生间的顶面装饰。其中吸音铝扣板也可用在公共空间。铝扣板的外观形态以长条状和方块状为主，厚度为 0.6mm 或 0.8mm。

铝扣板的选购技巧

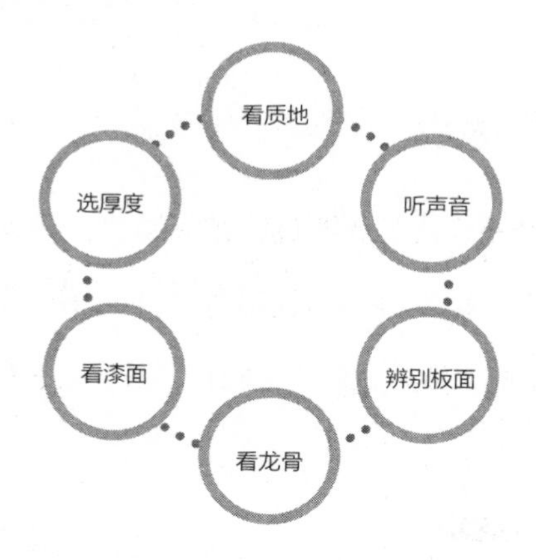

图 2-20　铝扣板的选购技巧

（1）铝扣板的质量好坏不全在于薄厚，而在于铝材的质地，有些杂牌子用的是易拉罐的铝材，因为铝材不好，板子没有办法很均匀地拉薄，只能做得厚一些。所以要防止商家欺骗，并不是厚的就一定质量好。

（2）家庭装修用的铝扣板厚度达到 0.6mm 就足够用了，因为家装用铝扣板，长度很少有 4m 以上的，而且家装吊顶上没有什么重物。一般只有在工程上用的铝扣板较长，是为了防止变形，所以要用厚一点 0.8mm 以上的、硬度大一些的。

（3）拿一块样品敲打几下，仔细倾听，声音脆的说明基材好，声音发闷说明杂质较多。

（4）拿一块样品反复掰折，看它的漆面是否脱落、起皮。好的铝扣板漆面只有裂纹、不会有大块油漆脱落。而且好的铝扣板正背面都有漆，因为背面的环境更潮湿，有背漆的铝扣板使用寿命比只有单面漆的铝扣板更长。

（5）防止商家偷梁换柱，覆膜板和滚涂板表面看上去不好区别，而价格上却有很大的差别。可用打火机将板面熏黑，覆膜板容易将黑渍擦去，而滚涂板无论怎么擦都会留下痕迹。

（6）铝扣板的龙骨材料一般为镀锌钢板，看它的平整度，加工的光滑程度；龙骨的精度，误差范围越小，精度越高，质量越好。

防火板的特点

防火板又称耐火板，是由表层纸、色纸、多层牛皮纸构成的，基材是刨花板。表层纸与色纸经过三聚氰胺树脂成分浸染，经干燥后叠合在一起，在热压机中通过高温高压制成。

防火板有耐磨、耐高温、耐撞击等特点，表面毛孔细小不易被污染，具有耐溶剂性、耐水性、耐药品性、耐焰性等物理性能，绝缘性、耐电弧性良好，不易老化。防火板表面有光泽，透明性好，能很好地还原色彩、花纹，有极高的仿真性。防火板具有如下优点。

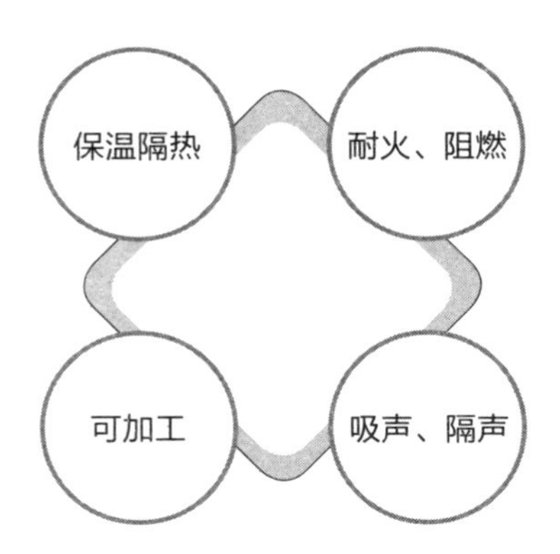

图 2–21　防火板的优点

（1）保温隔热：其保温、隔热性是玻璃的六倍、黏土的三倍、普通混凝土的十倍。

（2）耐火、阻燃，墙板材耐火可到 4 小时：在高温下不会产生有害气体；同时其热导率很小，这使得热迁移慢，能有效抵制火灾，并保护其结构不受火灾影响。

（3）可加工：可锯、可钻、可磨、可钉，更容易地体现设计意图。

（4）吸声、隔声：以其厚度不同可降低 30 ~ 50 分贝的噪声。

防火板可以在很多地方派上用场，比如台面、家具的表面、楼梯的踏步等。只要把防火板与板材压贴紧密在一起即可。选用的时候，可根据所需的尺寸和花色要求，由生产商进行加工。由于是贴面，防火板可以处理得很灵活，因此也会有很多的花色，让业主有很大的挑选余地。相对于传统材料，如石材、木板来说，防火板是机制产品，因此，性能会更加稳定。不会发生变色、裂纹、透水等问题。

防火板的选购技巧

对于劣质防火板，一般具有以下几种特征：色泽不均匀、易碎裂爆口、花色简单，另外，它的耐热、耐酸碱度、耐磨程度也相应较差。

在选购时，还应注意不要被商家欺骗，以三聚氰胺板代替成防火板。三聚氰胺板俗称双饰面板，是一次成形板。这种板材就是把印有色彩或仿木纹的纸，在三聚氰胺透明树脂中浸泡之后，贴于基材表面热压而成。

一般来说防火板的耐磨、防刮伤等性能要好于三聚氰胺板，且三聚氰胺板价格上要低于防火板。两者因厚度、结构的不同，导致性能上有明显的差别。所以在使用中两者是不能相互替代的。

三、石材

石材在家庭装修中的应用

石材是家居中常见的装修材料，大多用于客厅、餐厅、厨房、卫浴的地面、墙面等。石材除了是装修材料，还是良好的装饰材料，例如在客厅、餐厅的主题墙，用几块石材点缀一下，可能会营造出另外一种效果。

辨识天然石材的质量

目前而言，石材市场还不够完善，导致一些劣质建材流入市场，使业主很难辨真伪。国家建材部门将天然石材分为 A、B、C 三类。

表 2-12 石材分类及用途

A 类	适宜家居装修用材
B 类	用于公共场合，宽敞的建筑大厅内、外墙上
C 类	只能用于外墙装饰

注：市场上常有把 B 类石材充当 A 类石材出售的，业主一定要有防范意识。

购买时，要查看有关部门检测结果或向有关部门咨询后再使用。选购产品时，要多看、多问，索要多种有关证明，不要贪图便宜。如果对某种装修材料拿不准它是否合格，可做到预防在先，买块样砖、板材、涂料，测测它的有害物质的含量是否超标，做到心中有数，这是防范购买到不合格建材的有效手段。

石材的用料计算

地面石材用料计算一：房间地面面积 ÷ 每块地砖面积 ×（1+5%）= 用砖数量（式中 5% 系指增加的损耗量）

地面石材用料计算二：（房间长度 / 砖长）×（房间宽度 / 砖长）= 用砖量

墙面石材用料计算：计算墙面石材，在核算时应分别进行，按各种规格来计算其总面积。

> 对于复杂墙面和造型墙面，应按展开面积来计算。每种规格的总面积计算出来后，再分别除以规格尺寸，即可得到各种规格板材的数量（单位一般为块）最后加上 5% 左右的损耗量。

大理石的特点

大理石是一种变质或沉积的碳酸类岩石，属于中硬石材。主要矿物质成分有方解石、蛇纹石和白云石等，化学成分以碳酸钙为主，占 50% 以上。大理石结晶颗粒直接结合成整体块状构造，抗压强度较高，质地紧密但硬度不大，相对于花岗岩而言易于雕琢磨光。

纯大理石为白色，我国又称为汉白玉，但分布较少，普通大理石含有氧化铁、二氧化硅、云母、石墨、蛇纹石等杂石，使大理石呈现为红、黄、黑、绿、棕等各色斑纹，色泽肌理效果装饰性极佳。我国大理石矿产资源丰富，以云南大理最为知名。

天然大理石装饰板是用天然大理面石荒料经过工厂加工，表面经粗磨、细磨、半细磨、精磨和抛光等工艺而成。天然大理石质地致密但硬度不大，容易加工、雕琢和磨平、抛光。但强度不及花岗岩，在磨损率高、碰撞率高的部位应慎重考虑。

大理石有如下优点。

（1）岩石经长期的自然作用，组织结构均匀，线胀系数极小，内应力完全消失，不变形。

（2）硬度高。刚性好，耐磨性强，高度变形小。

（3）寿命长。不必涂油，不易粘微尘，维护、保养方便简单。

（4）不会出现划痕，不受恒温条件阻止，在常温下也能保持其原有物理性能。

（5）不磁化。测量时能平滑移动，无滞涩感，不受潮湿影响，平面稳定性好。

> 大理石抛光后光洁细腻，纹理自然流畅，有很高的装饰性。大理石吸水率小，耐久性高，可以使用几十甚至上百年。多用室内墙面、地面、楼梯踏板、栏板、台面、窗台板、踏脚板等，也可用于家具台面和室内外家具。

大理石的选购技巧

在选购大理石时，应该考虑以下几点。

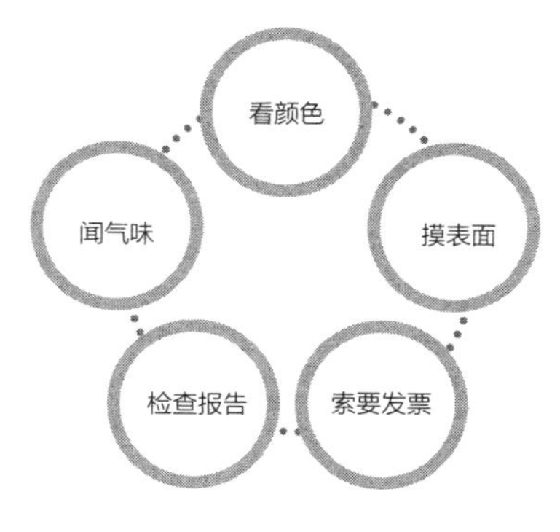

图 2-22 大理石的选购技巧

（1）看样品的颜色，样品的颜色要清纯不混浊，表面无类似塑料胶质感，板材反面无细小气孔。

（2）仔细闻样品，样品用鼻子闻，应该没有刺激的化学气味。

（3）用手摸样品表面，样品的表面应该有如丝绸般的光滑感，无涩感、无明显高低不平感。用指甲划板材表面，无明显划痕。相同两块样品相互敲击，不易破碎。

（4）检查产品有无ISO质量体系认证、质检报告，有无产品质保卡及相关防伪标志。购买人造大理石时必须格外注意，在比较价格的同时不仅要看质量，还要注意环保性能和售后服务，并注意索要和保存好各类凭证，以保护自身利益不受侵害。

（5）购买时要签订合同并开发票，合同和发票是维权的重要保障，业主应当要求销售方在合同中明确产品的名称、规格、等级、数量和价格等，并要求明确采用哪个标准进行检测。最好能要求销售方提供产品合格的证明、由法定部门认定的检验报告或产品放射性合格证。如果条件允许，最好将样品送到检测部门进行检测。购买时要防范所谓的“国际A级”、“特级”的石材，有些是厂家误导业主的一种做法。

人造石材的特点与用途

人造石材一般指的是人造大理石和人造花岗岩，其中以人造大理石应用较为广泛。它具有轻质、高强、耐污染、多品种、生产工艺简单和易施工等特点，其经济性、选择性等均优于天然石材的饰面材料，因而得到了广泛的应用。

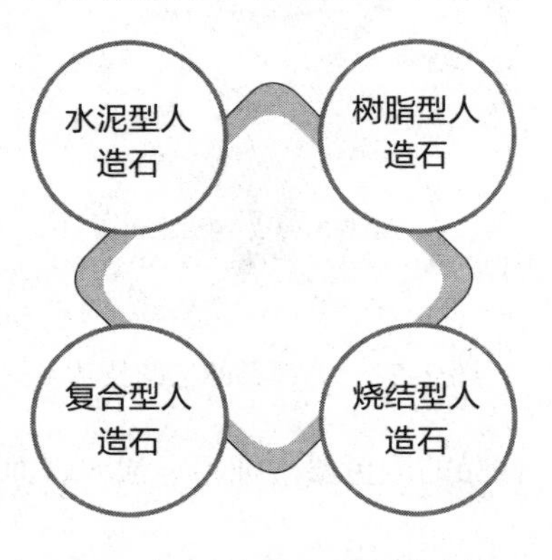

图2-23　人造石材的种类

（1）人造石材特点。

①人造石材更耐磨、耐酸、耐高温，抗冲、抗压、抗折、抗渗透等功能也很强，其变形、粘接、转弯等部位的处理有独到之处。

②因为表面没有孔隙，油污、水渍不易渗入其中，因此抗污力强。

③可任意长度无缝粘接，同材质的胶黏剂将两块粘接后打磨，浑然一体。而天然大理石台面的长度不可能太长，无法做成通长的整体台面，于现代追求的整体台面不太适宜。

（2）人造石的主要用途。

①台面。普通台面、橱柜台面、卫浴台面、窗台、餐台、写字台、电脑台和酒吧台等。人造石兼备大理石的天然质感和坚固的质地，陶瓷的光洁细腻和木材的易加工性。

②卫浴应用。人造石洁具、浴缸、个性化的卫浴是卫浴空间的点睛之笔。无论是用于凝重沉稳的朴素风格，还是简洁的时尚现代风格，或是健康环保的人造石卫浴，都有它的独到之处。

人造石材的选购技巧

在选购人造石材时，应该考虑以下几点。

（1）人造石材是装饰石材的一种，其功能为表面装饰，根据板材质地、加工方式、安装形式的不同，具有较大的差异，这点非常重要，不是“最便宜”就好，而是要综合考虑。

（2）人造石材有色差，但正规品牌同一批次不会有。人造石材品牌在石材背面有喷码标示，可检验是否为你所购买的品牌，选购的时候一定要认清。

天然石材和人造石材哪个辐射大?

要搞清楚这个问题，其实也很简单，只要弄清楚人造石材是怎么造出来的，就明白了。人造石材主要是利用天然石材粉末，用水泥、石膏与不饱和聚酯树脂搅合在一起，然后再加工成型的。这样一来，从理论上来讲，人造石自然比天然石的辐射小了。不过，有利必有弊，辐射虽然小了，但是原料质量与加工合成，必然会导致放射性和有害污染物的增加，而且硬度也比天然石材低一些。

需要注意的是，自然界中连土壤都是有辐射的，因此不要谈“辐射”色变，只是有一个允许范围而已。

花岗岩的特点

花岗岩又称为岩浆岩火成岩，主要矿物质成分有石英、长石和云母，是一种全晶质天然岩石。按晶体颗粒大小可分为细晶、中晶、粗晶及斑状等多种，颜色与光泽因长石、云母及暗色矿物质而定，通常呈现灰色、黄色、深红色等。优质的花岗岩质地均匀，构造紧密，石英含量多而云母含量少，不含有害杂质，长石光泽明亮，无风化现象。

花岗岩具有良好的硬度，且具有抗压强度好、孔隙率小、吸水率低、导热快、耐磨性好、耐久性高、抗冻、耐酸、耐腐蚀、不易风化等特性，表面平整光滑，棱角整齐，色泽持续力强且色泽稳重大方，一般使用年限约为数十年至数百年，是一种较高档的装饰材料。

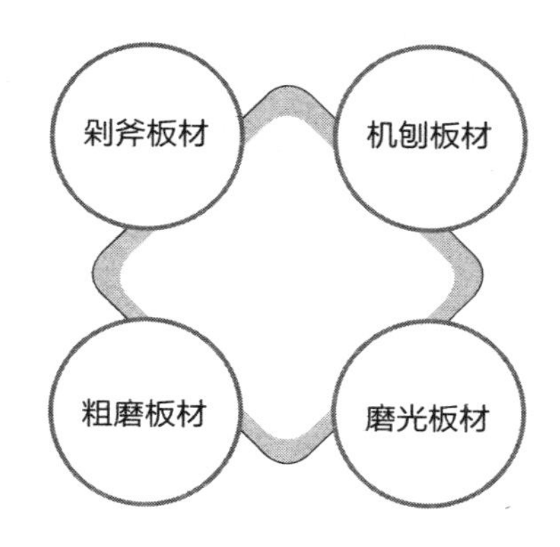

图 2–24　天然花岗岩制品分类

（1）剁斧板材。石材表面经手工剁斧加工，表面粗糙，表面质感粗犷，具有规则的条状斧纹。

（2）机刨板材。石材表面机械刨平，表面平整，质感比较细腻，有相互平行的刨切纹。

（3）粗磨板材。石材表面经过粗磨，平滑但无光泽。

（4）磨光板材。石材表面经过精磨和抛光加工，表面平整光亮，颜色绚丽多彩，花岗岩晶体结构纹理清晰。

花岗岩地板砖的选购技巧

在选购花岗岩地板砖时，应该考虑以下几点。

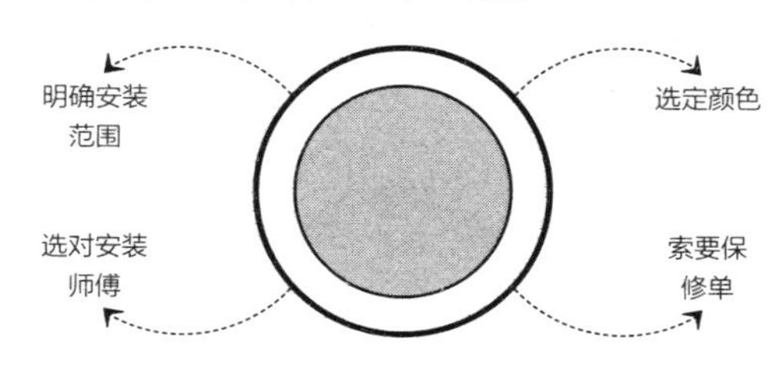

图 2–25　花岗岩地板砖的选购技巧

（1）明确需要安装花岗岩地板砖的范围。虽然花岗岩无需太多的养护护理，但是事先考虑到将要安装花岗岩地板砖的环境是较好的做法。一般需要考虑湿度、白天人流量等问题，如果家中有小孩，你可能需要考虑哪种类型的花岗岩地板砖防滑性能最好。

（2）选定花岗岩地板砖的颜色。因为花岗岩是天然材料，我们不能改变花岗岩的颜色，如果已在家居的另一地方安装了花岗岩产品，那么在选购花岗岩时要和其他的花岗岩产品相匹配。

（3）最好请有经验的花岗岩地板安装师。安装台面跟安装花岗岩地板之间有很大的差别。花岗岩地板需要更多的安装和计算砖块数量的技巧，所以要确保他们是安装花岗岩地板的专业人员而非台面安装专家。

（4）大部分优质的花岗岩地板砖都有公司的保修单。你可能不确定你所购买的花岗岩地板砖是否有缺陷（如裂缝等），那么你要仔细阅读保修单，看看他们是否将对意外损坏的花岗岩负责。

四、油漆涂料

室内涂料的种类

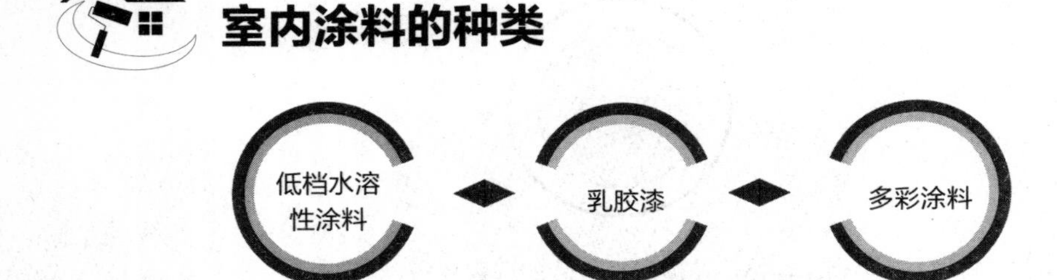

图 2-26 室内涂料的种类

（1）低档水溶性涂料，由聚乙烯醇溶解在水中，再在其中加入颜料等其他助剂而成。这种涂料的缺点是不耐水、不耐碱，涂层受潮后容易剥落，属低档内墙涂料，适用于一般内墙装修。

该类涂料具有价格便宜、无毒、无臭、施工方便等优点。干擦不掉粉，由于其成膜物是水溶性的，所以用湿布擦洗后总要留下些痕迹，耐久性也不好，易泛黄变色，但其价格便宜，施工也十分方便，目前消耗量仍最大，约占市场50%，多为中低档居室或临时居室室内墙装饰选用。

（2）乳胶漆，它是以水为介质，以丙烯酸酯类、苯乙烯－丙烯酸酯共聚物、醋酸乙烯酯类聚合物的水溶液为成膜物质，加入多种辅助成分制成的。其成膜物是不溶于水的，涂膜的耐水性和耐候性比低档水溶性涂料要强得多，湿擦洗后不留痕迹，并有平光、高光等不同装饰类型。但由于目前其色彩较少，所以装饰效果与低档水溶性涂料相似。

这两类涂料完全不是一个档次，乳胶漆属中高档涂料，虽然价格较贵，但因其优良的性能和装饰效果，所占据的市场份额越来越大。好的乳胶涂料层具有良好的耐水、耐碱、耐洗刷性，涂层受潮后不会剥落。一般而言在相同的颜料、体积、浓度条件下，苯丙乳胶漆比乙丙乳胶漆耐水、耐碱、耐擦洗性好，乙丙乳胶漆比聚乙酸乙烯乳胶漆（通称乳胶漆）好。

（3）目前十分风行的多彩涂料，该涂料的成膜物质是硝基纤维素，以水包油的形式分散在水相中，一次喷涂可以形成多种颜色花纹。

近年来又出现一种仿瓷涂料，其装饰效果细腻、光洁、淡雅，价格不高，只是施工工艺繁杂，耐湿擦性差。

一般认为涂料是水性的漆，而且是低档的，而油漆是高档的。其实这是一种错误的概念。涂料包含了油漆，它可以分为水性漆和溶剂油性型漆。随着石油化学工业的发展，化工产品的层出不穷，现代涂料的大部分已经脱离了用油生产漆的传统，越来越多的涂料产品经过化工合成制备，性能更优良，使用场合也越来越广，所以称呼涂料含义更准确。

涂料的细度

乳胶涂料的细度是指色漆或色浆内颜料、体质颜料等颗粒的大小或分散的均匀程度，以微米来表示。乳胶涂料细度的好坏将影响漆膜的光泽、透水性等漆膜物理机械性能。

漆膜的光泽是一种物理性能，就是漆膜表面把投射其上的光线反射出去的能力。反射的光量越多，则其光泽越高。漆膜光泽对装饰性涂层来说是一项重要的指标。例如，市场上高光＞85% 的乳胶漆几乎没有。最高光就是半光 40% ~ 60%，其次是蛋壳光 10% ~ 20%，亚光＜5%。光泽越高反光越强烈，因此许多业主更倾向于购高光涂料。

涂料的硬度

硬度是指漆膜对于外来物体侵入其表面时所具有的阻力。漆膜硬度是其机械强度的重要性能之一。一般来说，漆膜的硬度与漆的组成及干燥程度有关，如漆膜干燥得越彻底，硬度越高。

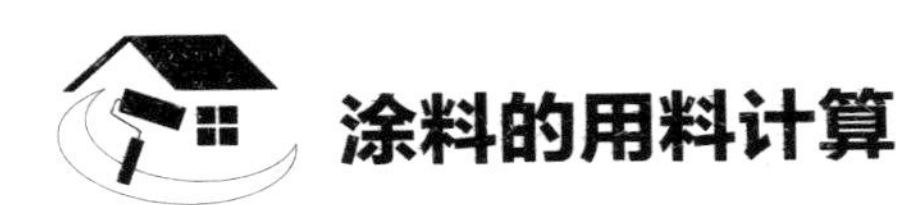

涂料的用料计算

涂料乳胶漆的包装基本分为 5L 和 15L 两种规格。以家庭中常用的 5L 容量为例，5L 的理论涂刷面积为两遍 $35m^2$。

粗略的计算方法：地面面积 ×2.5÷35= 使用桶数

精确计算方法：（长 + 宽）×2× 房高 = 墙面面积

长 × 宽 = 顶面面积

（墙面面积 + 顶面面积—门窗面积）÷35= 使用桶数

乳胶漆的特点

乳胶漆是以合成树脂乳液涂料为原料，加入颜料、填料及各种辅助剂配制而成的一种水性涂料，是室内装饰装修中最常用的墙面装饰材料。

优质的乳胶漆有以下特点。

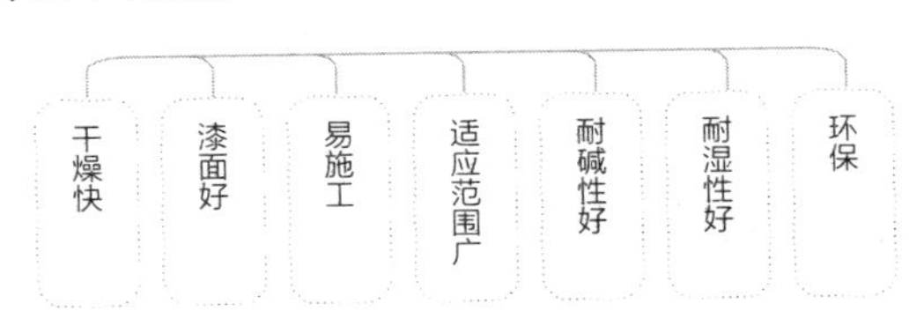

图 2-27　乳胶漆的特点

（1）干燥速度快。在 25℃时，30min 内表面即可干燥，120min 左右就可以完全干燥。

（2）耐碱性好。涂于呈碱性的新抹灰的墙和顶面及混凝土墙面，不返黏，不易变色。

（3）色彩柔和、漆膜坚硬、观感舒适、颜色附着力强。

（4）允许湿度可达 8% ~ 10%，可在新施工完的湿墙面上施工，而且不影响水泥继续干燥。

（5）调制方便，易于施工。可以用水稀释，用毛刷或排笔施工，工具用完后可用清水清洗，十分便利。

（6）无毒无害、不污染环境、不引火、使用后墙面不易吸附灰尘。

（7）适应范围广。基层材料是水泥、砖墙、木材、三合土、批灰等，都可以进行乳胶漆的涂刷。

乳胶漆装饰是室内装饰装修中面积最大，也是最重要的一项装饰工程。

表 2–13　乳胶漆的性能

遮蔽性	覆遮性和遮蔽性使乳胶漆效果更好、施工时间消耗更少
易清洗性	易清洗性确保了涂面的光泽和色彩的新鲜
适用性	在施工过程中不会引起出现气泡等状况，使得涂面更光滑
防水功能	弹性乳胶漆具有优异的防水功能，防止水渗透墙面，从而保护墙面。具有良好的抗碳化、抗菌、耐碱性能
可覆盖细微裂纹	弹性乳胶漆具有的特殊“弹张”性能，能延伸及覆盖细微裂纹

乳胶漆的选购技巧

目前市场上乳胶漆的品牌众多、档次各异、品质不同。在挑选时，可按照以下步骤购买。

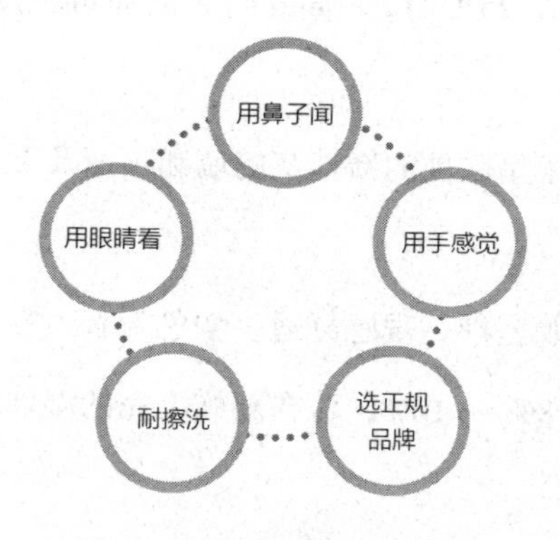

图 2–28　乳胶漆的选购技巧

（1）用鼻子闻。真正环保的乳胶漆应是水性无毒无味的，所以当你闻到刺激性气味或工业香精味，就不能选择。

（2）用眼睛看。放一段时间后，正品乳胶漆的表面会形成厚厚的、有弹性的氧化膜，不易开裂；而次品只会形成一层很薄的膜，易碎，且具有辛辣气味。

（3）用手感觉。用木棍将乳胶漆拌匀，再用木棍挑起来，优质乳胶漆往下流时会成扇面形。用手指摸，正品乳胶漆应该手感光滑、细腻。

（4）耐擦洗。可将少许涂料刷到水泥墙上，涂层干后用湿抹布擦洗，高品质的乳胶漆耐擦洗性很强，而低档的乳胶漆只擦几下就会出现掉粉、露底的褪色现象。

（5）选正规品牌。尽量到重信誉的正规商店或专卖店去购买知名品牌。选购时认清商品包装上的标识，特别是厂名、厂址、产品标准号、生产日期、有效期及产品使用说明书等。最好选购通过 ISO14001 和 ISO 9000 体系认证企业的产品，这些生产企业的产品质量比较稳定。产品应符合《GB 18582—2001　室内装饰装修材料内墙涂料中有害物质限量》标准及获得环境认证标志的产品。购买后一定要索取购货发票等有效凭证。

墙面漆和壁纸哪个更环保?

目前来说，墙面漆和墙纸这两种材料的生产技术都非常成熟了，随着水溶性乳胶漆、环保壁纸等产品的普及，这两种材料的环保性也能够得到保障，尤其是一些知名品牌的产品，基本上污染非常小了，都是可以大面积放心使用的装修材料！

与其比较两者的污染性，倒不如在选择其中任意一种材料时，严格把关质量，买到放心、环保产品。在选择时，墙面漆尽量选择水溶性的产品，而墙纸则主要选择天然的材料，例如植物纤维等，同时还要注意选择环保无污染的植物胶黏剂。

木器漆的特点

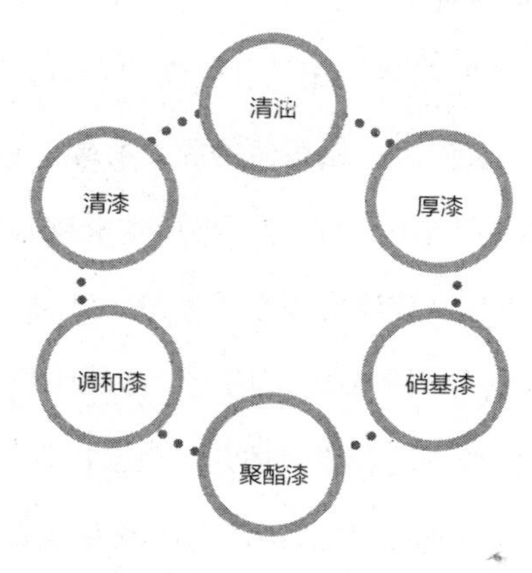

图 2-29　木器漆的种类

（1）清油。清油又称熟油、调漆油。它是以精制的亚麻油等软质干性油加部分半干性植物油，经熬炼并加入适量催干剂制成的浅黄至棕黄色黏稠液体。一般用于调制厚漆和防锈漆，也可单独使用。

清油涂刷能够在改变木材颜色的基础上，保持木材原有的花纹，装饰风格自然、纯朴、典雅，但工期较长。主要用作木制家具底漆，是家庭装修中对门窗、护墙裙、暖气罩、配套家具等进行装饰的基本漆类之一。清油涂刷是比较耗费工时，同时对技术要求高的项目，施工周期根据涂刷面积、饰面的复杂程度、清油的种类和质量要求等不同而有所差异。

（2）清漆。清漆俗称凡立水，是一种不含颜料的透明涂料。它以树脂为主要成膜物质，分为油基清漆和树脂清漆两类。油基清漆含有干性油；树脂清漆不含干性油。常用清漆种类繁多，一般多用于木器家具、装饰造型、门窗、扶手表面的涂饰等。

（3）厚漆。厚漆又称为铅油，是采用颜料与干性油混合研磨而成，外观黏稠，需要加清油溶剂搅拌方可使用。这种漆遮覆力强，与面漆的粘接性好，广泛用作于涂刷面漆前的打底，也可单独用作面层涂刷，但漆膜柔软，硬度较差，适用于要求不高的建筑物及木质打底漆。

厚漆特点是常温自干，易涂刮，施工方便；漆膜有一定的附着力及机械性能；易打磨，具有一定的封底、填嵌性能；但漆膜柔软，干燥慢，耐久性差。

在实际应用过程中，应注意在施工过程中严禁与水、油、酸、碱等物质接触；用后应随即合紧桶盖，以免变质造成浪费；施工现场必须有良好的通风条件，严禁火种。

（4）调和漆。调和漆一般用作饰面漆，在生产过程中已经过调和处理，可直接用于装饰工程施工的涂刷。调和漆一般分为油性调和漆与磁性调和漆两类。

油性调和漆是以干性油和颜料研磨后加入催干剂和溶剂调配而成，吸附力强，不易脱落、松化，经久耐用，但干燥、结膜较慢。

磁性调和漆是用甘油、松香脂、干性油与颜料研磨后加入催干剂、溶剂配制而成，其干燥性能比油性调和漆要好，结膜较硬，光亮平滑，但容易失去光泽，产生龟裂。适用于室内外金属、木材、砖墙表面的涂饰。

（5）硝基漆。硝基漆又称为蜡克，是用脱脂硝化棉浸在硝酸中，通过丙酮、醋酸戊酯、醋酸丁酯等溶剂的配制挥发而成的一种高级涂料。干燥后具有良好的光泽和耐久性，具有快干、坚硬、耐磨等优点。主要用于木器及家具制品的涂装、家庭装修、一般装饰涂装、金属涂装和一般水泥面涂装等方面。

硝基漆涂饰表面平整、丰满、色彩鲜艳、平滑、细腻、手感好、装饰性很高；漆膜坚硬，打磨、抛光性好，当涂层达到一定的厚度，经研磨、抛光后甚至可产生镜面效果。硝基漆的固化物含量低，施工时成膜物质只有 20% 左右，挥发成分占 70% ~ 80%，成膜很薄，需多次涂覆才能达到一定的厚度要求，所以，使用硝基漆涂刷的遍数多、成本较高。

硝基漆的涂刷工艺较复杂，一由涂刷、揩涂、水磨和抛光 4 组工序组成，涂刷 4 ~ 5 遍，再揩涂 10 遍以上，直至材质细孔完全被漆填满，表面平整为止。另外，其耐光性差，长期在紫外线作用下漆膜龟裂现象十分严重。若室内使用 3 年左右，朝阳的木制品端头就会出现发丝般的龟裂；漆膜保护作用不好，不耐有机溶剂、不耐热、不耐腐蚀。

由于硝基漆含有大量挥发性溶剂，易燃易爆，有毒，对环境污染大，所以施工现场一定要采取防毒、通风等措施。

表 2-14 硝基漆的优缺点

优点	1. 装饰作用较好 2. 施工简便，干燥迅速 3. 对涂装环境的要求不高 4. 具有较好的硬度和亮度 5. 不易出现漆膜弊病 6. 修补容易
缺点	1. 固化物含量较低，需要较多的施工遍数才能达到较好的效果 2. 耐久性不太好，尤其是内用硝基漆，其保光保色性不好，使用时间稍长就容易出现诸如失光、开裂、变色等弊病 3. 漆膜保护作用不好，不耐有机溶剂、不耐热、不耐腐蚀

（6）聚酯漆。聚酯漆是用聚酯树脂为主要成膜物制成的一种厚质漆。聚酯漆的漆膜丰满，层厚面硬，是目前在装修中使用最为普遍的一种产品，优点是施工简单，油漆成膜快等，缺点是有害物质偏高且挥发期长。

聚酯漆施工过程中需要进行固化，这些固化剂的分量占了油漆总分量的三分之一。这些固化剂也称为硬化剂，其主要成分是 TDI（甲苯二异氰酸酯）。这些处于游离状态的 TDI 会变黄，不但使家具漆面变黄，同样也会使邻近的墙面变黄，这是聚酯漆的一大缺点。另外，超出标准的游离 TDI 还会对人体造成伤害。

聚酯漆有聚酯底漆、聚酯面漆、地板漆等几种。底漆有高固底、特清底、水晶底之分；面漆可调色，有亮光、半亚光、全亚光之分；地板漆也有亮光、半亚光、全亚光的分别。

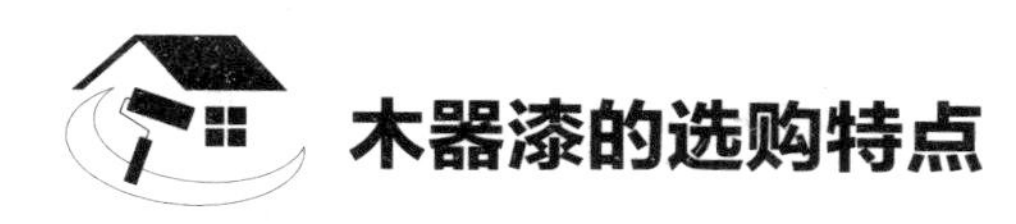

木器漆的选购特点

在选购木器漆时，应注意以下几点。

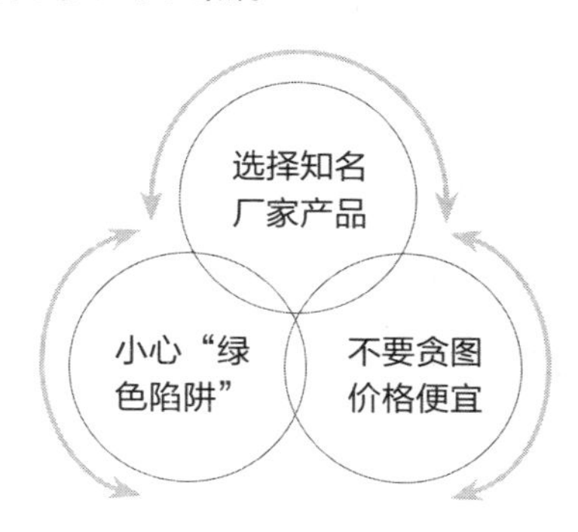

图 2-30　木器漆的选购

（1）在选购木器漆时，首先要选择知名厂家生产的产品。油漆的生产与制造是一项对技术、设备、工艺都有严格标准的整体工程，对生产公司的人才、技术、管理、服务都有较高的要求，只有拥有雄厚实力的厂家才能真正做到。

（2）小心“绿色陷阱”。目前市场上各种“绿色”产品铺天盖地，实际上只有同时通过国标强制性认证标准和中国环境标志产品认证的才是真正的绿色产品。真正的好油漆既要有好的内在质量，又要求有环保、安全和持久性。真正权威的认证有：ISO 14001 国际环境管理体系认证、中国环境标志认证、中国Ⅲ型环境标志认证和中国环保产品认证，同时必须完全符合国家颁布的十项强制性标准。

（3）不要贪图价格便宜。有些厂家为了降低生产成本，没有认真执行国标标准，有害物质含量大大超过标准规定，如三苯含量过高，它可以通过呼吸道及皮肤接触，使身体受到伤害，严重的可导致急性中毒。木器漆的施工面积一般比较大，不能为了贪一时的便宜，为今后的健康留下隐患。

油漆品牌、种类有很多种，所有品牌的配方都是一样的，油漆主要由主其 + 稀料 + 固化剂三组成分组成，由于组成的原料原因，所以导致了油漆中的有害物质的存在，这是更改不了的“事实”！

所以，如果家里需要大面积使用油漆的话，建议大家选择水性漆，水性漆是目前最环保的漆了，水性漆当中的有害物质含量非常低，因此从健康的角度讲，建议大家选择水性漆。

五、壁纸

鉴别壁纸的质量

壁纸的质量一般要从以下几个方面来鉴别。

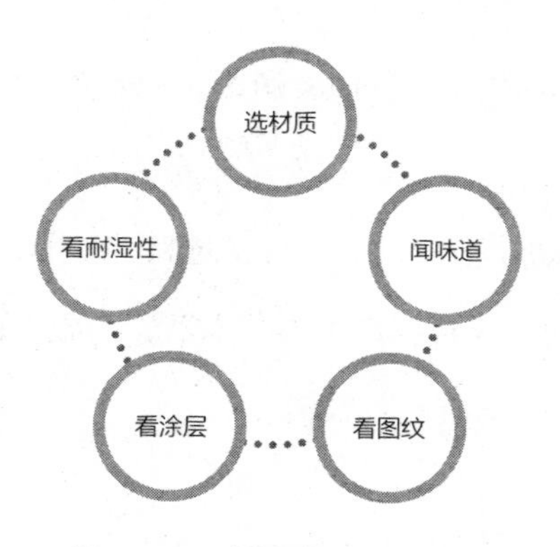

图 2-31　壁纸质量鉴别方法

（1）天然材质或合成 PVC 材质，简单的方法可用火烧来判别。一般天然材质燃烧时无异味和黑烟，燃烧后的灰尘为粉末白灰；合成 PVC 材质燃烧时有异味及黑烟，燃烧后的灰为黑球状。

（2）好的壁纸色彩牢固可用湿布或水擦洗而不发生变化。

（3）选购时，可以贴近产品闻其是否有任何异味。有异味的产品可能含有过量甲苯、乙苯等有害物质，不宜购买。

（4）壁纸表面涂层材料及印刷颜料都需经优选并严格把关，才能保证壁纸经长期光照后（特别是浅色、白色墙纸）不发黄。

（5）看图纹风格是否独特，制作工艺是否精良。

壁纸的用量计算

购买壁纸之前可估算一下用量，以便买足同批号的壁纸，减少不必要的麻烦，避免浪费。壁纸的用量用下面的公式计算：

$$壁纸用量（卷）= 房间周长 \times 房间高度 \times (1+K)$$

公式中，K 为壁纸的损耗率，一般为 3% ~ 10%。K 值的大小与下列因素有关：

（1）大图案比小图案的利用率低，因而 K 值略大；需要对花的图案比不需要对花的图案利用率低，K 值略大；同排列的图案比横向排列的图案利用率低，K 值略大。

（2）裱糊面复杂的要比普通平面需用壁纸多，K 值高。

（3）拼接缝壁纸利用率最高，K 值最小，重叠裁切拼缝壁纸利用率最低，K 值最大。

壁纸的保养清洁

（1）在施工时，应选择空气相对湿度在 85% 以下，温度没有剧烈变化的季节，要避免在潮湿的季节和潮湿的墙面上施工。

（2）施工时，白天应打开门窗，保持通风；晚上要关闭门窗，防止潮气进入。刚贴上墙面的壁纸，禁止大风猛吹，会影响其粘接牢度。

（3）粘贴壁纸时溢流出的胶黏剂，应随时用干净的毛巾擦干净，尤其是接缝处的胶痕，要处理干净。这是施工人员或监督人员一定要仔细和认真查看的。施工人员应将手和工具保持高度的清洁，如沾有污迹，应及时用肥皂水或清洁剂清洗干净。

（4）发泡壁纸布容易积灰，会影响美观和整洁。应每隔 3 ~ 6 个月清扫一次，用吸尘器或毛刷蘸清水擦洗，注意不要将水渗进接缝处。

（5）粘贴好的壁纸要注意防止硬物或尖利的东西刮碰。若干时间后，对有的地方接缝开裂，要及时予以补贴，不能任其发展。

（6）卫浴的壁纸在墙面挂水珠和水蒸气时要及时开窗和排气扇，或先用干毛巾擦拭干净水珠，因为如果长期如此，会使壁纸受损，出现白点或起泡。

（7）太干燥的房间，要及时开窗，避免阳光直射时间过长，否则对深色的壁纸色彩有较大的负面影响。

说起壁纸，那可是家庭装修中的宠儿，墙面用壁纸既方便又好看，但是贴壁纸真的像有些人说的那样，有很大的污染吗?

其实，这种观点是错误的。从壁纸的生产技术、工艺和使用上来讲，现在主流的纸面壁纸和无纺布壁纸，原材料基本上不怎么有污染，即使是PVC材质的壁纸，也是用树脂制成，不含铅和苯等有害成分，与其他化工建材相比，可以说壁纸的污染要小得多了。

另外，以前贴壁纸产生污染，很大一部分是由于粘接剂的原因，现在专用的壁纸粘接剂基本上是采用的生物胶，污染已经很小甚至没有了。

纸面壁纸的特点

纸面壁纸是发展最早的壁纸。在纸面上印有各种花纹图案，基底透气性好，能使墙体基层中的水分向外散发，不致引起变色、鼓包等现象。

这种壁纸比较便宜，但性能差、不耐水、不耐擦洗，容易破裂，也不便于施工，已逐渐被淘汰，属于低档壁纸。

塑料壁纸的特点

塑料壁纸是以优质木浆纸为基层，以聚氯乙烯塑料为面层，经印刷、压花、发泡等工序加工而成。

塑料壁纸品种繁多，色泽丰富，图案变化多端，有仿木纹、石纹、锦缎的，也有仿瓷砖、黏土砖的，在视觉上可达到以假乱真的效果，是目前被使用最多的一种壁纸。

纺织壁纸的特点

纺织壁纸又称纺织纤维壁布或无纺贴壁布，其原材料主要是丝、棉、麻等纤维、由这些原料织成的壁纸具有色泽高雅、质地柔和、手感舒适和弹性好的特性。

纺织壁纸是较高档的品种，质感好、透气，用它装饰居室，能给人以高雅、柔和、舒适的感觉。

天然材料壁纸的特点

天然材料壁纸是一种用草、麻、木材、树叶等天然植物制成的壁纸，如麻草壁纸。

麻草壁纸是以纸作为底层，编织的麻草为面层，经复合加工而成；也有用珍贵树种的木材切成薄片制成的。

天然材料壁纸具有阻燃、吸声、散潮的特点，装饰风格自然、古朴、粗犷，给人以置身自然原野的美感。

玻纤壁纸的特点

玻纤壁纸也称玻璃纤维壁布。它是以玻璃纤维布作为基材，表面涂树脂、印花而成的新型墙面装饰材料。它的基材是用中碱玻璃纤维织成的，以聚丙烯等作为原料进行染色及挺括处理，形成彩色坯布，再以乙酸乙酯等配置适量色浆印花，经切边、卷筒成为成品。

玻纤壁布花样繁多，色彩鲜艳，在室内使用不褪色、不老化，防火、防潮性能良好，可以刷洗，施工也比较简便。

金属膜壁纸的特点

它是在纸基上涂布一层电化铝箔而制得，具有不锈钢、黄金、白银、黄铜等金属质感与光泽。

金属膜壁纸无毒，无气味，无静电，耐湿、耐晒，可擦洗，不褪色，是一种高档裱糊材料，用该壁纸装修的建筑室内能给人金碧辉煌、富丽堂皇的感觉。

液体壁纸的特点

液体壁纸也称壁纸漆，原名云彩涂料，属于建筑装饰涂料范畴，是以高分子聚合物云母珠光钛颜料再加上各种助剂精制而成的一种高档装饰涂料，是艺术涂料类的一个品种，是集壁纸和乳胶漆优点于一身的环保水性涂料。

壁纸的选购

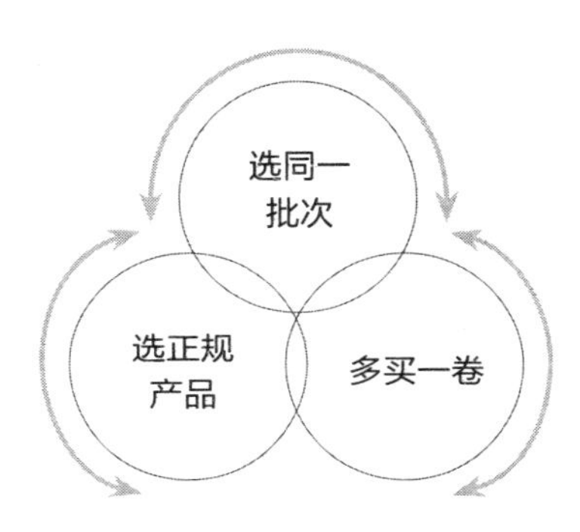

图 2-32　壁纸的选购

在购买时，要确定所购的每一卷壁纸都是同一批货，壁纸每卷或每箱上应注明生产厂名、商标、产品名称、规格尺寸、等级、生产日期、批号、可拭性或可洗性符号等。一般情况下，应多买一卷额外的壁纸，以防发生错误或将来需要修补时用。

壁纸运输时应防止重压、碰撞及日晒雨淋，应轻装轻放，严禁从高处扔下。壁纸应贮存在清洁、阴凉、干燥的库房内，堆放应整齐，不得靠近热源，保持包装完整，裱糊前才拆包。在使用之前务必将每一卷壁纸都摊开检查，看看是否有残缺之处。

壁纸尽管是同一编号，但由于生产日期不同，颜色上便有可能出现细微差异，而每卷壁纸上的批号即代表同一颜色，所以在购买时还要注意每卷壁纸的编号及批号是否相同。

采用任何材料，肯定都是有利有弊的，壁纸当然也不例外，除去壁纸方便、环保、实用等优点之外，贴壁纸也有下面这些不太好的地方需要注意。

（1）造价比乳胶漆相对贵些。

（2）施工水平和质量不容易控制。

（3）档次比较低材质比较差的壁纸环保性差，对室内环境有污染。

（4）一些壁纸色牢度较差，不易擦洗。

（5）印刷工艺低的壁纸时间长了会有褪色现象，尤其是日光经常照的地方。

（6）不透气材质的壁纸容易翘边，墙体潮气大时间久了容易发霉脱层。

（7）大部分壁纸再更换需要撕掉并重新处理墙面，比较麻烦。

六、门窗

实木门的特点

实木门是以天然原木做门芯，经过干燥处理，然后经下料、刨光、开榫、打眼、高速铣形等工序加工而成。实木门所选用的多是名贵木材，如樱桃木、胡桃木、柚木等，经加工后的成品门具有不变形、耐腐蚀、无裂纹及隔热保温等特点。同时，实木门因具有良好的吸声性，有效地起到了隔声作用。

实木门天然的木纹纹理和色泽，对崇尚回归自然的装修风格的家庭来说，无疑是最佳的选择。实木门自古以来就透着一种温情，不仅外观华丽，雕刻精美，而且款式多样。

实木门的选购技巧

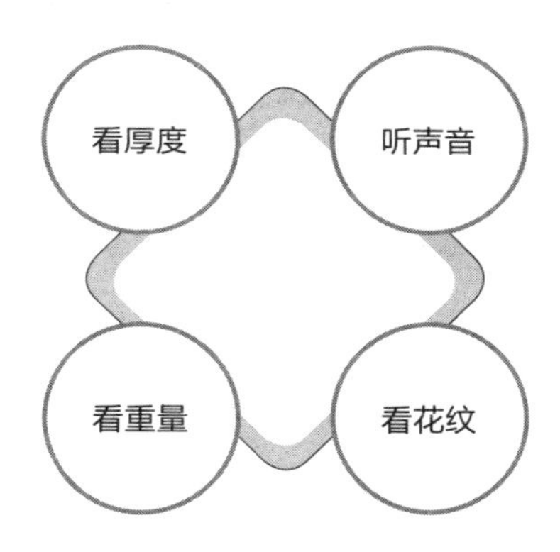

图 2-33　实木门的选购技巧

（1）在选购实木门的时候，可以看门的厚度，还可以用手轻敲门面，若声音均匀沉闷，则说明该门质量较好。

（2）一般木门的实木比例越高，这扇门就越沉。

（3）如果是纯实木门，表面的花纹非常不规则，如果门表面花纹光滑整齐漂亮的，往往不是真正的实木门。

实木复合门的特点

实木复合门的门芯多以松木、杉木或进口填充材料等黏合而成，外贴密度板和实木木皮，经高温热压后制成。一般实木复合门的门芯多以白松为主，表面则为实木单板。由于白松密度小、重量轻，且较容易控制含水率，因而成品门的重量都较轻，也不易变形、开裂。另外，实木复合门还具有保温、耐冲击、阻燃等特性，具有手感光滑、色泽柔和的特点，而且隔声效果同实木门基本相同。

> 高级实木复合门对材料有严格的要求，木材必须干燥，有环保指标的必须达标。在此基础上，锯、切、刨、铣，采用精密机床加工，胶合采用热压工艺，油漆采用喷涂方法，工序之间层层把关检验。用这种先进工艺生产的复合门，具有形体美、精度高、规格准确、漆膜饱满、极不易翘曲变形等优势。一般小工厂生产的门，虽然使用机械加工，但木材很少进行干燥处理，很难保证质量。另外，用手工制作的门，以作坊方式生产，就更无法保证质量了。

实木复合门的选购技巧

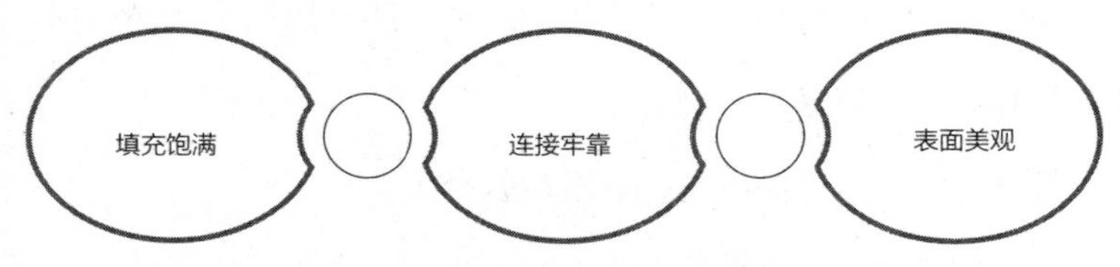

图 2-34　实木复合门的选购技巧

（1）在选购实木复合门时，要注意查看门扇内的填充物是否饱满。

（2）门边刨修的木条与内框连结是否牢固。

（3）装饰面板与框粘接应牢固、无翘边、裂缝、板面平整、洁净、无节疤、虫眼、裂纹及腐斑，木纹清晰、纹理美观。

压模木门的特点

模压木门是由两片带造型和仿真木纹的高密度纤维模压门皮板经机械压制而成的。由于门板内是空心的，自然隔声效果相对实木门来说要差些，并且不能遇水。模压木门以木贴面并刷“清漆”的木皮板面，保持了木材天然纹理的装饰效果，同时也可进行面板拼花，既美观活泼又经济实用。

一般的复合模压木门在交货时都带中性的白色底漆，业主可以回家后在白色中性底漆上根据个人喜好再上色，满足个性化的需求。模压木门因价格较实木门和实木复合门更经济实惠，且安全方便，而受到中等收入家庭的青睐，但装饰效果却远不及实木门和实木复合门。

压模木门的选购技巧

（1）在选购模压木门时，应注意其贴面板与框连结应牢固，无翘边、裂缝。

（2）门扇边刨修过的木条与内框连结应牢固。

（3）内框横、竖龙骨排列符合设计要求，安装合页处应有横向龙骨。

（4）板面平整、洁净、无节疤、虫眼、裂纹及腐斑、木纹清晰、纹理美观且板面厚度不得低于 3mm。

玻璃推拉门的选购技巧

首先应检查其密封性。无论选择家具还是门窗，密封性都非常重要。目前市场上某些品牌的推拉门由于其底轮是外置式的，因此两扇门滑动时就要留出底轮的位置，这样会使门与门之间的缝隙非常大，密封性无法达到规定的标准。

其次要看底轮质量。只有具备超大承重能力的底轮才能保证良好的滑动效果和超常的使用寿命。承重能力较小的底轮一般只适合做一些尺寸较小且门板较薄的推拉门，进口优质品牌的底轮，具有180kg承重能力及内置的轴承，适合制作任何尺寸的滑动门，同时具备底轮的特别防震装置，可使底轮能够应付各种状况的地面。

推拉窗与平开窗的优缺点比较

推拉窗是通过轨道与滑轮，使窗扇在框轨道上相对滑动、水平开启的窗。由于窗扇是受力中心，无悬臂构件，能将所受到的外力传递到窗框上，承受的风荷载作用远远小于平开窗。且对型材惯性矩要求低，有利于合理缩小型材截面，节约造价。其次开启灵活，不占空间，工艺简单，不易损坏，维修方便。适用于各类对通风、密封、保温要求不高的建筑。

推拉窗也可以改变开启方向，制作成竖向开启的窗，即推提窗，使通风位于窗户上方，大大改善了通风效果。但由于推拉窗框与扇之间的缝隙是固定不变的，仅靠扇轨道槽内装配的毛条与框搭接，没有压紧力，密封性较差。随使用时间的延长，密封毛条倒伏或表面磨损，空气对流加大，能量的消耗十分严重。同时开启最大时仅是窗面积的1/2，通风面积也小。所以说推拉窗的结构决定了它并不是理想的节能窗。

平开窗在关闭锁紧状态，橡胶密封条在框扇密封槽内被压紧并产生弹性变形，形成一个完整密封体系，隔热、保温、密封、隔声性能较好。同时在开启状态窗扇能全部打开，通风换气性能也好。但由于扇与框的连接为悬臂受力结构，不仅要考虑包括玻璃在内的整个窗扇重量的悬臂作用，还要考虑到外开时要承受的风荷载破坏。因此扇型材惯性矩要大，五金构件质量要求也高。

同时内平开窗扇开启后，会占用部分室内空间，外平开窗受五金件质量影响，会对室外造成安全隐患，且成本相对较高。适用于寒冷、炎热地区建筑或对密封、保温有特殊要求的建筑。一些地区的建设管理部门规定，在高层建筑上禁止用外平开窗。

塑钢门窗的特点

塑钢是以聚氯乙烯（PVC）树脂为主要原料，加上一定比例的稳定剂、着色剂、填充剂、紫外线吸收剂等，经挤压成型材，然后通过切割、焊接或螺接的方式制成框架，配装上密封胶条、毛条、五金件等，同时为增强型材的刚性，型材空腔内需要添加钢衬加强筋。塑钢一般用于门窗框架，这样制成的门窗，又称为塑钢门窗。

塑钢门窗具有良好的气密性、水密性、抗风压性、隔声性、防火性，成品具有尺寸精度高、不变形、容易保养的特点。

塑钢门窗的选购技巧

在选购时应注意以下几点。

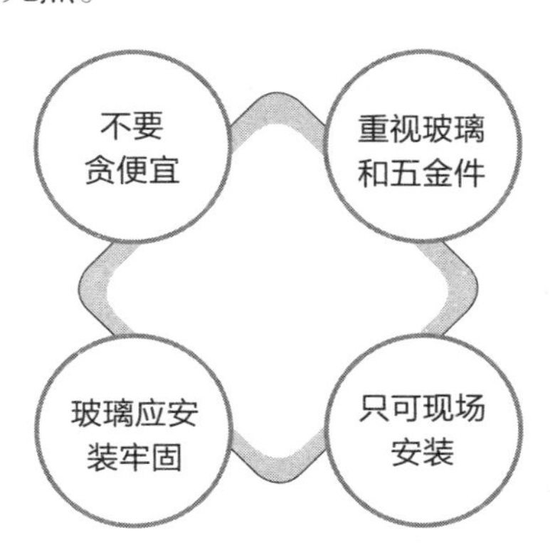

图 2–35　塑钢门窗的选购技巧

（1）不要买廉价的塑钢门窗，门窗表面应光滑平整，无开焊断裂，密封条应平整、无卷边、无脱槽、胶条无气味。门窗关闭时，扇与框之间无缝隙，门窗四扇均为一整体、无螺钉连接。

（2）重视玻璃和五金件。玻璃应平整、无水纹。玻璃与塑料型材应不直接接触，有密封压条贴紧缝隙。五金件齐全，位置正确，安装牢固，使用灵活。门窗框、扇型材内均嵌有专用钢衬。

（3）玻璃应平整，安装牢固，安装好的玻璃不应直接接触型材，不能使用玻璃胶。若是双玻夹层，夹层内应没有灰尘和水汽。开关部件关闭严密，开关灵活。推拉门窗开启滑动自如，声音柔和、绝无粉尘脱落。

（4）塑钢门窗均在工厂车间用专业设备制作，只可现场安装，不能在施工现场制作。

辨别塑钢门窗的质量

图 2-36 辨别塑钢门窗质量的方法

（1）看塑钢门窗的型材质量，应观察型材外观情况，注意组成门窗的框和扇的型材颜色是否一致，外观是否均匀。

（2）看门窗的间隙以及密封，看各种型材之间的配合间隙是否紧密，配合处切口是否平齐，型材搭接处的高低差等。

（3）五金件质量的好坏对门窗的寿命也有一定的影响，所用的五金件看上去应显得厚实，且表面光泽度要好，保护层致密，没有碰划伤现象，最重要的一点是开启应灵活。

七、地板

进口地板及国产地板的常用尺寸

一般进口地板长度都在 1285 ～ 1380mm 左右，而国产地板的密度板基材都是 1220mm × 2440mm，所以决定了它的长度只能是 1210mm，厚度为 8.3mm，且背面光滑。当然国内厂家也能生产长尺寸，但为数不多，且增加生产成本。

地板的损耗率计算

通常是 3% ～ 5%，也要看房间的形状，以及地板的规格尺寸。房间结构越复杂，地板规格越大，浪费越多，但一般都在 5% 上下。

“抽条”的意思

买地板时，因为数量通常较大，业主不可能对每箱地板都开箱查看，所以有的黑心商家偷偷从包装箱中抽去一两块地板，因此当工人在铺装现场打开包装后就会出现地板数量不足的情况。若业主不仔细清点地板数量的话就只好再花钱补足缺少的地板，这样商家就多赚钱了。这种黑心的手法就称为“抽条”。

铺垫宝

许多人认为悬浮式地板的脚感不如传统木地板，但是如果在悬浮式地板下铺设铺垫宝后就不一样了，能同样获得传统木地板所具有自然的脚感。由于铺垫宝的极限承重能够达到25t/m²，即使家具的长期重压也不会使地板系统出现凹陷变形，仍能保持地板平整如常，保证舒适的行走感觉。而且，其多孔的结构具有的微微弹性，还能缓冲足底与地面之间的相互作用力，使足感更柔和惬意，轻松自然。

儿童房地板的选购

为孩子选购地板，绿色环保最重要，家长最好选择有十环认证的地板产品，同时要注意地板的配套辅料也要取得十环认证才更可靠、更有保障。

另外儿童房地板必须便于清洁，不要有凹凸不平的花纹、接缝。因为任何不小心掉入到这些接缝中的小东西都可能成为孩子潜在的威胁。同时凹凸花纹及缝隙也容易绊倒蹒跚学步的孩子，所以地板表面光滑平整很重要。

常见实木地板种类

常见的实木地板有如下品种。

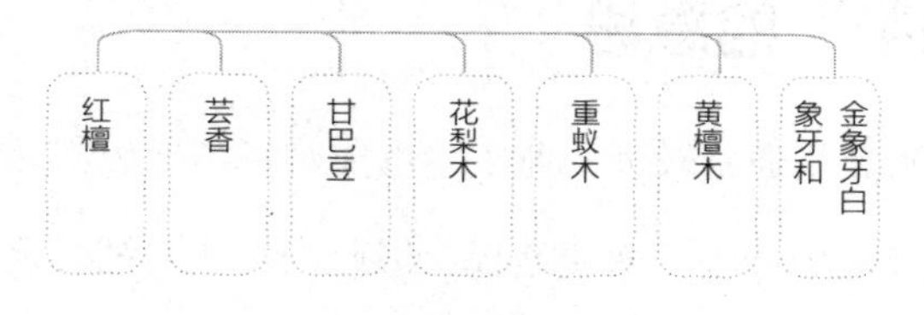

图2-37　常见实木地板种类

（1）红檀。红檀是商用名，学名“铁线子”，产地以南美居多。由于其木材纹理较细腻，可减少拼花色及纹理的损耗，所以比较适合大面积地运用，但由于颜色偏红，因此在家具的搭配上有一些难度。红檀本身木质较硬，弹性较好，不过收缩性较差，所以建议使用免漆地板，在施工过程中，注意不要损坏地板，因其受损变形后很难恢复。

（2）芸香。“芸香”是商用名，学名“巴福芸香”或“德鲁达茄”，产地印尼。芸香地板木质坚硬，花纹细腻，纹络简单，不论是漆板还是素板，都能达到完美的整体效果。

（3）甘巴豆。商用名是康帕斯，由于此木种的产地较多，所以导致其品质也各不相同。通常情况下会以价格来判定此木种的优劣。

（4）花梨木。地板所用的花梨木并不是家具所用的木种，两者不可混为一谈。花梨木是商用名，学名“大果檀木”，产于南美，属于檀木的一种。其本身的木质较为稳定，不易干裂。并且由于檀木本身油脂量较高，且有香气散发，因此防腐、抗蛀、防潮性都较好。

（5）重蚁木。蚁木产于东印尼半岛及马来西亚，又称为“紫檀木”，实际上用于地板的这种“紫檀”，并不是人们通常所说的那种“一寸紫檀一寸金”的木中极品，只是重蚁木的俗称，因其木材为新者色彩殷红，老者呈紫色，质地坚实细密，入水则沉，耐久力强，具有光泽美丽的花纹与条纹，是比较高档的地板材料。

（6）黄檀木。黄檀木属于檀木的一种，其学名为“厚果榄”，产于南美。与其他檀木的区别在于黄檀本身木质花纹分直纹和山纹两种，而其他木质特性则与其他檀木无过多区别。

（7）白象牙和金象牙。白象牙是商用名，学名“巴福芸”，产于南美。白象牙木地板的花纹较细，纹理简单，油漆后颜色比芸香颜色白，表现为黄中带白，整体感与单板感都很不错。金象牙是商用名，学名“塔比紫威”，同样产于南美，金象牙木地板与白象牙地板类似，但其地板表面多为明直纹，并且颜色偏明黄。

实木地板分AA级、A级、B级三个等级，AA级质量最高。由于实木地板的使用注意事项较多，安装也较复杂，尤其是受潮、暴晒后易变形，因此选择实木地板要格外注重木材的品质和安装工艺。

实木地板的工艺划分

表 2-15 实木地板的工艺划分

企口实木地板	也称榫接地板或龙凤地板。该地板在纵向和宽度方向都开有榫槽，榫槽一般都小于或等于板厚的 1/3，槽略大于榫。绝大多数背面都开有抗变形槽
指接地板	由等宽、不等长度的板条通过榫槽结合、胶粘而成的地板块，接成以后的结构与企口地板相同
集成材实木地板（拼接实木地板）	由等宽小板条拼接起来，再由多片指接材横向拼接，这种地板幅面大、尺寸稳定性好
拼方、拼花实木地板	由小块地板按一定图形拼接而成，其图案有规律性和艺术性。这种地板生产工艺复杂，精密度也较高

实木地板的特点

实木地板又称原木地板，是采用天然木材，经加工处理后制成条板或块状的地面铺设材料，基本保持了原料自然的花纹。脚感舒适、使用安全是其主要特点，且具有良好的保温、隔热、隔声、吸声、绝缘性能。缺点是对环境的干燥度要求较高，不宜在湿度变化较大的地方使用，否则易发生胀、缩变形等现象。实木地板有如下优点。

表 2-16 实木地板的优点

隔声隔热	实木地板材质较硬，细密的木纤维结构，热导率低，阻隔声音和热气的效果优于水泥、瓷砖和钢铁
调节湿度	实木地板的木材特性是：气候干燥时，木材内部水分会释出；气候潮湿时，木材会吸收空气中的水分。木地板通过吸收和释放水分，把居室空气湿度调节到人体最为舒适的水平。有报道称，长期居住木屋，平均可以延长寿命 10 年

续表

冬暖夏凉	冬季，实木地板的板面温度要比瓷砖的板面温度高 8 ~ 10℃，人在木地板上行走无寒冷感；夏季，实木地板的居室温度要比瓷砖铺设的房间温度低 2 ~ 3℃
绿色无害	实木地板用材取自原始森林，使用无挥发性的耐磨油漆涂装，从材种到漆面均绿色无害，辐射小，基本无甲醛，是释放天然绿色无害的地面建材
华丽高贵	实木地板取自高档硬木材料，板面木纹秀丽，装饰典雅高贵，是中高端收入家庭的首选地材
经久耐用	实木地板绝大多数品种材质硬密，抗腐抗蛀性强，正常使用，寿命可长达几十年乃至上百年

实木地板的缺点如下。

（1）安装要求高。实木地板对铺装的要求较高，一旦铺装得不好，会造成一系列问题，诸如有声响等。

（2）易变形。如果室内环境过于潮湿或干燥，实木地板容易起拱、翘曲或变形。

（3）难保养。铺装好之后还要经常打蜡、上油，否则地板表面的光泽会很快消失。

早期的实木地板施工和保养比较复杂，完工后须上漆打蜡，现今市面上所售卖的基本上是成品漆板，甚至是烤漆板，实用简便。实木地板按表面加工的深度分为两类。一类是淋漆板，即地板的表面已经涂刷了地板漆，可以直接安装后使用；另一种是素板，即木地板表面没有进行淋漆处理，在铺装后必须经过涂刷地板漆后才能使用。由于素板在安装后，经打磨、刷地板漆处理后的表面平整，漆膜是一个整体，因此，无论是装修效果还是质量都优于漆板，只是安装比较费时。

实木地板的选购技巧

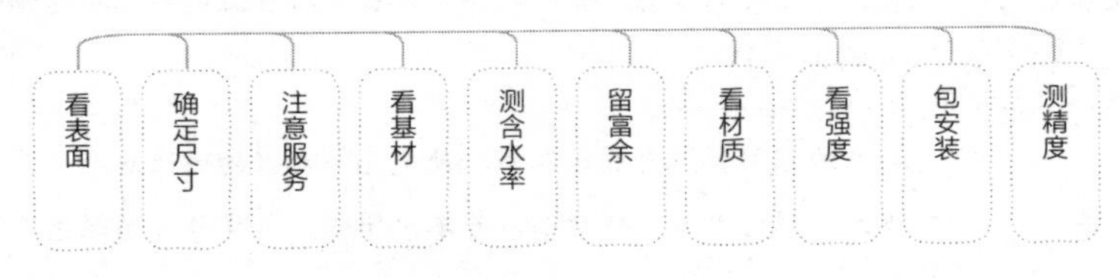

图 2–38　实木地板的选购技巧

（1）挑选板面、漆面质量。选购时关键看漆膜光洁度，应无气泡、漏漆以及耐磨度好等。

（2）检查基材的缺陷。看地板是否有死节、活节、开裂、腐朽、菌变等缺陷。由于木地板是天然木制品，客观上存在色差和花纹不均匀的现象。过分追求地板无色差是不合理的，只要在铺装时稍加调整即可。

（3）识别木地板材种。有的厂家为促进销售，将木材冠以各式各样不符合木材学的美名，如樱桃木、金不换、玉檀香等名称；更有甚者，以低档充高档，业主一定不要为名称所惑，弄清材质，以免上当。

（4）观测木地板的精度。一般木地板开箱后可取出 10 块左右徒手拼装，观察企口咬合、拼装间隙、相邻板间高度差，若严丝合缝，手感无明显高度差即可。

（5）确定合适的长度、宽度。实木地板并非越长越宽越好，建议选择中短长度的地板，不易变形；长度、宽度过大的木地板相对容易变形。

（6）测量地板的含水率。国家标准规定木地板的含水率为 8% ~ 13%，我国不同地区对含水率要求均不同。一般木地板的经销商应有含水率测定仪，如无则说明对含水率这项技术指标不重视。购买时先测展厅中选定的木地板含水率，然后再测未开包装的同材种、同规格的木地板的含水率，如果相差在 2% 以内，可认为合格。

（7）确定地板的强度。一般来讲，木材密度越高，强度也越大，质量越好，价格当然也越高。但不是家庭中所有空间都需要高强度的地板，如客厅、餐厅等人流活动大的空间可选择强度高的品种，如巴西柚木、杉木等；而卧室则可选择强度相对低些的品种，如水曲柳、红橡、山毛榉等；而老人住的房间则可选择强度一般，却十分柔和温暖的柳桉、西南桦等。

（8）注意销售服务，最好去品牌信誉好、知名度高的企业购买，除了质量有保证之外，正规企业都对产品有一定的保修期，凡在保修期内发生的翘曲、变形、干裂等问题，厂家负责修换，可免去业主的后顾之忧。

（9）在购买时应多买出一些作为备用，一般 $20m^2$ 房间材料损耗在 $1m^2$ 左右，所以在购买实木地板时，不能按实际面积购买，以防日后地板的搭配出现色差等问题。

（10）在铺设时，一定要按照工序施工，购买哪一家地板就请哪一家铺设，以免生产企业和装修企业互相推脱责任，造成不必要的经济损失和精神负担。

值得注意的是，柚木多产于印尼、缅甸、泰国、南美等地，由于柚木本身木质很硬，不易变形，因此使用较多。但我国自 1998 年已经明令禁止从泰国进口柚木，所以目前市场上打着“泰国进口”的牌子的柚木地板大多数是假冒的。

实木地板的用量计算

（1）粗略的计算方法：房间面积 ÷ 地板面积 ×（1+8%）（其中 8% 为损耗量）= 使用地板块数

（2）精确计算方法：（房间长 ÷ 地板长）×（房间宽 ÷ 地板宽）= 使用地板块数

实木地板铺装中通常要有 5% ~ 8% 的损耗，在计算中要考虑进去。

实木复合地板的特点

实木复合地板具有天然木质感、容易安装维护、防腐防潮、抗菌且适用于电热等优点。其表层为优质珍贵木材，不但保留了实木地板木纹优美、自然的特性，而且大大节约了优质珍贵的木材资源。实木复合地板表面大多涂以五层以上的优质UV涂料，不仅有较理想的硬度、耐磨性、抗刮性，而且阻燃、光滑，便于清洁。实木复合地板芯层大多采用廉价的材料，成本虽然要比实木地板低很多，但其弹性、保暖性等完全不亚于实木地板。实木复合地板有如下优点。

表 2-17　实木复合地板的优点

环境调节作用	能部分调节室内的温湿度
自然视觉感强	实木复合地板面层有美观的天然纹理，结构细腻，富于变化，色泽美观大方
脚感舒适	实木复合地板有适当的弹性，摩擦系数适中，便于使用
材质好、易加工、可循环利用	木材是一种可以再生的天然材料，是具有可持续利用优势的绿色材料。其中三层实木复合地板用旧后可经过刨削、除漆后再次涂刷油漆翻新使用
良好的地热适应性能	多层实木复合地板可应用在地热采暖环境，解决了实木地板在地热采暖环境中的难题
稳定性强	由于实木复合地板优异的结构特点，从技术上保证了地板的稳定性
施工安装更加简便	实木复合地板通常幅面尺寸较大，而且可以不加龙骨直接采用悬浮式方法安装。从而使安装更加快捷，大大降低了安装成本和安装时间，也避免了因龙骨而引起的产品质量事故
优异的环保性能	由于实木复合地板采用的实体木材和环保胶黏剂是通过先进的生产工艺加工制成的，因此环保性能较好，符合国家环保强制性标准
营造舒适环境	实木复合地板具有良好的保温、隔热、隔声、吸声、绝缘性能等特点

续表

更加丰富的装饰性能	实木复合地板面层多采用珍贵天然木材，具有独特的色泽、花纹，再加上表面结构的设计和染色技术的引入，使实木复合地板的装饰性能更加丰富多彩
木材的综合利用率大幅度提高	三层实木复合地板面层只有 2 ~ 4mm 采用的是优质木材，基材为 11 ~ 13mm，75% 以上是速生材，25% 以下才是优质木材；多层实木复合地板，面层通常为 0.3 ~ 2.0mm，优质木材所占比例不到 10%，90% 以上是速生材。因此大大提高了木材综合利用率，特别是节约了大量优质木材，符合国家和行业的产业政策，有利于国家的可持续发展

实木复合地板的选购技巧

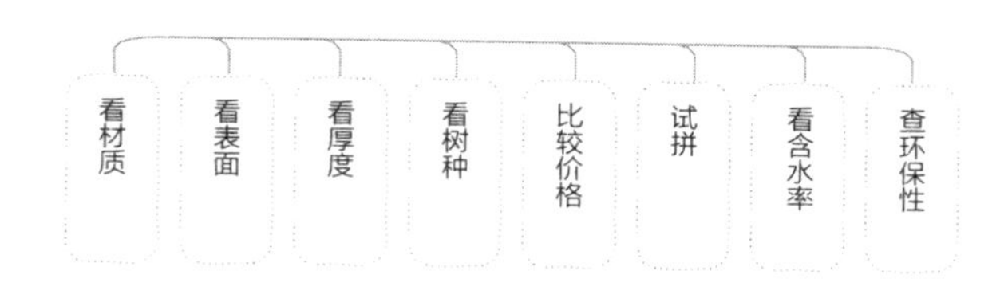

图 2-39　实木复合地板的选购技巧

（1）要注意实木复合地板各层的板材都应为实木，而不像强化复合地板以中密度板为基材，两者无论在质感上，还是价格上都有很大区别。

（2）实木复合地板的木材表面不应有夹皮树脂囊、腐朽、节疤、节孔、冲孔、裂缝和拼缝不严等缺陷；油漆应饱满，无针粒状气泡等漆膜缺陷；无压痕、刀痕等装饰单板加工缺陷。木材纹理和色泽应和谐、均匀，表面不应有明显的污斑和破损，周边的榫口或榫槽等应完整。

（3）并不是板面越厚，质量越好。三层实木复合地板的面板厚度以 2 ~ 4mm 为宜，多层实木复合地板的面板厚度以 0.3 ~ 2.0mm 为宜。

（4）并不是名贵的树种性能才好。目前市面上销售的实木复合地板树种有几十种，不同树种的价格、性能、材质都有差异，但并不是只有名贵的树种性能才好，应根据自己的居室环境、装饰风格、个人喜好和经济实力等情况进行购买。

（5）实木复合地板的价格高低主要是根据表层地板条的树种、花纹和色差来区分的。表层的树种材质越好，花纹越整齐，色差越小，价格越贵；反之，树种材质越差，色差越大，表面节疤越多，价格就越低。

（6）购买时最好挑几块试拼一下，观察地板是否有高低差，较好的实木复合地板其规格尺寸的长、宽、厚应一致，试拼后，其榫、槽接合应严密，手感平整，反之则会影响使用。同时也要注意看它的直角度、拼装离缝度等。

（7）在购买时还应注意实木复合地板的含水率，因为含水率是地板变形的主要因素，可向销售商索取产品质量报告等相关文件进行查询。

（8）由于实木复合地板需用胶来黏合，所以甲醛的含量也不应忽视，在购买时要注意挑选有环保标志的优质地板。可向销售商索取产品质量测试数据，因为我国国标已明确规定，采用穿孔萃取法测定小于 40mg/100g 以下的才符合国家标准。或者从包装箱中取出一块地板，用鼻子闻一闻，若闻到一股强烈刺鼻的气味，则证明甲醛浓度已超过标准，不能购买。

强化复合地板的特点

强化复合地板的标准名称为浸渍纸层压木质地板，其结构一般是由四层材料复合组成，即耐磨层、装饰层、高密度基材层、平衡层。

强化复合地板的规格长度为 900 ~ 1500mm，宽度为 180 ~ 350mm，厚度分别有 6mm、8mm、12mm、15mm、18mm，其中厚度越高，价格越高。目前市场上售卖的强化复合地板以 12mm 居多。高档的强化复合地板还会增加约 2mm 厚的天然软木，具有实木脚感，噪声小、弹性好等特点。

强化地板特点如下。

（1）强化复合地板由于工序复杂，配材多样，具有耐磨、阻燃、防潮、防静电、防滑、耐压、易清理等特点。

（2）具有纹理整齐，色泽均匀，强度大，弹性好，脚感好等特征。

（3）有效避免了木材受气候变化而产生的变形、虫蛀、防潮及经常性保养等问题。

（4）由于其质轻、规格统一，便于施工安装，无需龙骨，小地面不需胶接，通过板材本身槽榫胶接，直接铺在地面上，节省工时及费用。

（5）另外强化复合地板还具有应用面广、无需上漆打蜡、日常维护简单、使用成本低等优势，故受到大多数人的喜爱。

表 2-18 强化复合地板的优点

耐磨	约为普通漆饰地板的 10 ~ 30 倍以上
美观	可用电脑仿真出各种木纹和图案、颜色
稳定	彻底打散了原来木材的组织，破坏了各向异性及湿胀干缩的不足，尺寸极稳定，尤其适用于地暖系统的房间

注：此外，还有抗冲击、抗静电、耐污染、耐光照、耐香烟灼烧、安装方便、保养简单等特点。

强化复合地板的选购技巧

在选购强化复合地板时，应注意以下几点。

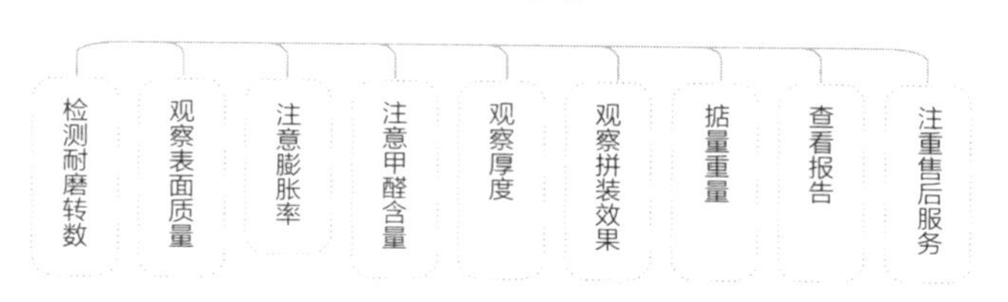

图 2-40 强化复合地板的选购技巧

（1）检测耐磨转数。这是衡量强化复合地板质量的一项重要指标。一般而言耐磨转数越高，地板使用的时间越长，强化复合地板的耐磨转数达到1万转为优等品，不足1万转的产品，在使用1 ~ 3年后就可能出现不同程度的磨损现象。

（2）观察表面质量是否光洁。强化复合木地板的表面一般有沟槽型、麻面型和光滑型三种，本身无优劣之分，但都要求表面光洁无毛刺。

（3）注意吸水后膨胀率。此项指标在3%以内可视为合格，否则地板在遇到潮湿，或在湿度相对较高、周边密封不严的情况下，就会出现变形现象，影响正常使用。

（4）注意甲醛含量。按照国家标准，每100g地板的甲醛含量不得超过40mg，如果超过40mg属不合格产品。其中A级产品的含量应低于9mg/100g。

（5）观察测量地板厚度。目前市场上地板的厚度一般在6 ~ 18mm，同价格范围内，选择时应以厚度厚些为好。厚度越厚，使用寿命也就相对越长，但同时要考虑家庭的实际需要。

（6）观察企口的拼装效果。可拿两块地板的样板拼装一下，看拼装后企口是否整齐、严密，否则会影响使用效果及功能。

（7）用手掂量地板重量。地板重量主要取决于其基材的密度，基材决定着地板的稳定性以及抗冲击性等诸项指标。因此基材越好，密度越高，地板也就越重。

（8）查看正规证书和检验报告。选择地板时一定要弄清商家有无相关证书和质量检验报告。如ISO 9001国际质量认证证书、ISO 14001国际环保认证证书以及其他一些相关质量证书。

（9）注重售后服务。强化复合地板一般需要专业安装人员使用专门工具进行安装，因此业主一定要问清商家是否有专业安装队伍，能否提供正规保修证明书和保修卡。

地暖家居中是最舒适的供暖方式，还可以节约空间、美化居室，但是地采暖用什么地板比较合适呢？

木地板分为实木地板，实木复合地板和强化地板。其中，实木地板用天然的珍贵木材加工制作而成，脚感舒适，环保，但是容易变形，防潮性能不是很好，所以不建议用于地暖安装中。

而实木复合地板和强化地板不一样了，它们在加工过程中改变了木材的本身结构，使木地板更加的稳定；除此之外，实木复合地板和强化地板传热性能和防水防潮性能都比较好。如要要排序的话，强化地板最适合用于地暖，其次是实木复合地板，最后是实木地板。

复合地板的用量计算

（1）粗略的计算方法：地面面积 ÷（地板长 × 地板宽）×（1+5%）（其中 5% 为损耗量）= 地板块数

（2）精确计算方法：（房间长度 ÷ 板长）×（房间宽度 ÷ 板宽）= 地板块数

复合木地板在铺装中会有 3% ~ 5% 的损耗，如果以面积计算，千万不要忽视这部分用量。

软木地板的特点

软木是华栎木的保护层，即树皮，俗称栓皮栎。栓皮栎天生具有很强的可再生能力，其作为软木原材料的可重复采摘周期为 8 ~ 9 年，一棵成木可进行 30 多次的树皮采剥。并且其废材和经过制造加工的成品硬质纤维板都可以作为再生资源循环再利用。

软木原料在制成地板时，经过加压处理，每平方米质量从 70kg 增加到 550kg，其稳定性能完全可以达到地板的要求。即使特别重的家具压在上面形成微小的压痕，也可以在重物撤去后恢复原状。当人走在上面，软木地板减少了脚步与地板间的相对位移，减少了摩擦，从而延长了地板的耐磨度和使用寿命，更起到了减噪、吸声的作用。

软木地板具有恢复性强、弹性高、保温、隔声、吸声、隔热、绝缘、耐磨、防滑、抗静电、耐腐蚀、防潮、防虫蛀和易于安装维护、不易变形等优点。

软木地板的选购技巧

在选购软木地板时，应注意以下几点。

图 2–41　软木地板的选购技巧

（1）用眼观察地板砂光表面是否很光滑，有无鼓凸的颗粒，软木的颗粒是否纯净。

（2）从包装箱中随便取几块地板，铺在较平整的地面上，拼装起来后看其是否有空隙或不平整，依此可检验出软木地板的边长是否平直。

（3）将地板两对角线合拢，看其弯曲表面是否出现裂痕，如有裂痕则尽量不要购买。依此可检验出软木地板的弯曲强度。

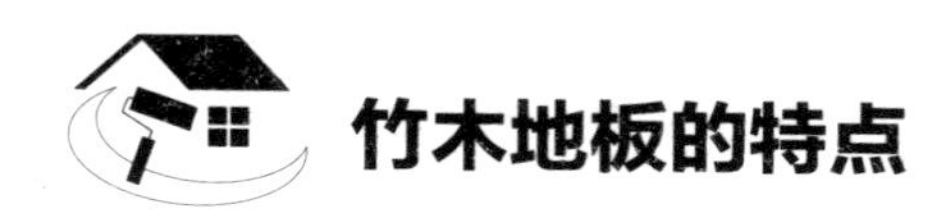

竹木地板的特点

竹木地板是采用适龄的竹木精制而成，地板无毒，牢固稳定，不开胶，不变形。经过脱去糖分、淀粉、脂肪、蛋白质等特殊无害处理后的竹材，具有超强的防虫蛀功能。地板的六面用优质进口耐磨漆密封，阻燃、耐磨、防霉变，其表面光洁柔和，几何尺寸好，品质稳定。

（1）竹地板突出的优点便是冬暖夏凉。竹子自身并不生凉防热，但由于热导率低，就会体现出这样的特性。让人无论在什么季节，都可以舒适地赤脚在上面行走，特别适合铺装在老人、小孩的卧室。

（2）竹地板的另一个突出优点是其外观自然清新、纹理细腻流畅，又有防潮、防湿、防蚀以及韧性强、有弹性等特性。

（3）表面坚硬程度可以与木制地板中的常见树种如樱桃木、榉木等媲美。另一方面，由于该地板芯材采用了木材作为原料，故其稳定性极佳，结实耐用，脚感好，格调协调，隔声性能好。

竹木地板的选购技巧

在选购竹木地板时，应注意以下几点。

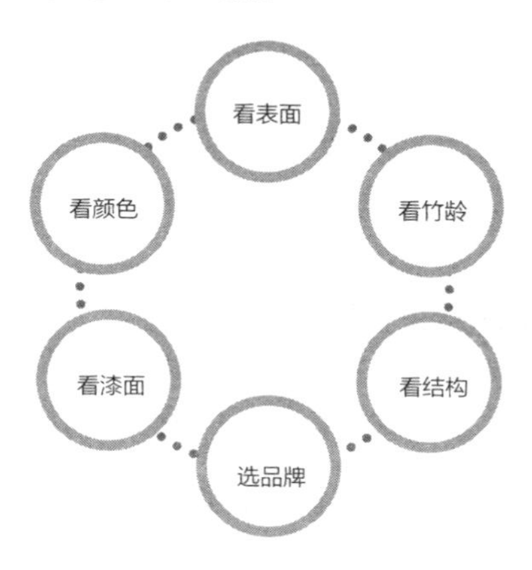

图 2–42　竹木地板的选购技巧

（1）观察竹木地板表面的漆上有无气泡，是否清新亮丽，竹节是否太黑，表面有无胶线，然后看四周有无裂缝，有无批灰痕迹，是否干净整洁等。

（2）质量好的产品表面颜色应基本一致，清新而具有活力。比如本色竹木地板的标准色是金黄色，通体透亮。而炭化竹木地板的标准色是古铜色或褐红色，颜色均匀有光泽感。但无论是本色，还是炭化色，其表层都会有较多而且致密的纤维管束分布，纹理清晰。也就是说，表面应是刚好去掉竹青，紧挨着竹青的部分。

（3）并不是说竹子的年龄越老越好，很多业主认为年龄越大的竹材越成熟，用其做竹木地板肯定越结实。其实正好相反，最好的竹材年龄是 4 ～ 6 年，4 年以下太小没成材，竹质太嫩；年龄超过 9 年的竹子就老了，老毛竹皮太厚，使用起来较脆。

（4）要注意竹木地板是否是六面淋漆，由于竹木地板是绿色自然产品，表面带有毛细孔，存在吸潮概率从而会引发变形，所以必须将四周、底、表面全部封漆。

（5）可用手拿起一块竹木地板，若拿在手中感觉较轻，说明采用的是嫩竹，若眼观其纹理模糊不清，说明此竹材不新鲜，是较陈的竹材。其次，看地板结构是否对称平衡，可从竹地板的两端断面来判断其是否符合对称平衡原则，若符合，结构就稳定。最后，看地板层与层间胶合是否紧密，可用两手掰，看其层与层之间是否存在分层。

（6）要选择生产厂家、品牌、产品标准、检验等级、使用说明、售后服务等资料齐全的产品。如果资料齐全的话，说明此企业是具有一定规模的正规企业，一般不会出现质量问题。即使出现问题，业主也有据可查。

塑料地板的特点

塑料地板是由高分子树脂及增塑剂、稳定剂、填料等通过适当的工艺所制成的片状地面覆盖材料。具有质轻、尺寸稳定、施工方便、经久耐用、脚感舒适、色泽艳丽美观、耐磨、耐油、耐腐蚀、防火、隔声及隔热等优点。

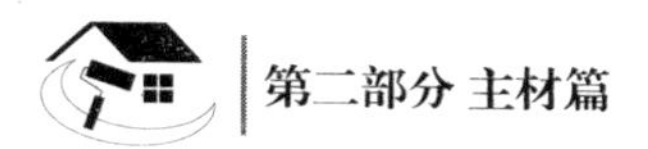

表 2-19　塑料地板的优点

防水防滑	表面为高密度特殊结构，有仿真木纹、大理石纹、地毯纹、花岗岩等纹路，遇水变涩、不滑，可铺装在中老年人及儿童的房间。其特性是石材、瓷砖等无法比拟的
超强耐磨	地面材料的耐磨程度，取决于表面耐磨层的材质与厚度，并非单看地板的总厚度。PVC 地板表面覆盖 0.2 ~ 0.8mm 厚度高分子特殊材质，耐磨程度高，为同类产品中使用寿命最长的
质轻	施工后的重量，比木地板施工后重量轻 10 倍，比瓷砖施工后重量轻 20 倍，比石材施工后重量轻 25 倍，最适合三层以上的高建筑物使用
施工方便	无需水泥砂子，不需要大兴土木，专用胶浆铺贴、快速简便。产品花样繁多，有板岩、碎石、大理石及木纹等多种系列，自由拼配、省时省力，一次完成
柔韧性好	特殊的弹性结构，抗冲击，且脚感合适，为家人提供日常生活的最高保证
导热保暖性好	导热只需几分钟，散热均匀，绝无石材、瓷砖的冰冷感觉，冬天光着脚也不会感觉冷
保养方便	平常用清水拖把擦洗即可，遇到污渍，用橡皮擦或稀料擦拭即可
绿色环保	无毒无害、对人体、环境绝无副作用，且不含放射性元素，为最佳的地面材料
防火阻燃	通过防火测试，离开火源即自动熄灭，生命安全有保障
耐酸碱	通过各项专业指示测试。防潮、防虫蛀、不怕腐蚀

塑料地板的选购

塑料地板种类繁多，铺贴工艺简易，费用少，装饰效果好；不足之处是不耐烫、易污染，受锐器磕碰易受损。

选购时应依据建筑物的等级和使用功能选用。一般建筑物及民用住宅，可选用半硬质或软质的地板卷板。在花色、图案上要参照建筑物的性质及个人喜好，或富丽堂皇、或高贵肃穆、或淡雅宁静等。

同时还应注意塑料地板的物理性能，如热膨胀系数、加热质量损失率和加热长度变化率、吸水长度变化率、凹陷度等，这些可通过向销售商索取产品报告等资料查看。

有些业主在装修时会考虑地板革作为地面装饰，不仅施工简单，而且成本非常低。对于地板革而言，是否有污染是业主最为关心的问题。

要想知道地板革有没有毒，要从它的材质说起。地板革中含有铅化合物，在使用过程中，地板革肯定会有所磨损，这时铅会随着磨损的情况下，会向外扩散，而这容易在空气中形成铅尘，对身体还是会有一定影响的！

如果因为特殊情况，一定要选择地板革，那么就一定要慎重了！选购时一定要仔细观察它的背面，如果有发黑的现象，那么就不要选用！

八、地毯

不同地毯材料的特点

表 2-20　不同地毯材料的特点

羊毛地毯	弹性好，不易污染、变形、磨损，隔热性好，但易腐蚀、虫蛀，价格较高

续表

锦纶地毯	耐磨性好，易清洗、不腐蚀、不虫蛀、不霉变，但易变形，易产生静电，遇火会局部熔化
涤纶地毯	耐磨性仅次于锦纶，耐热、耐晒，不霉变、不虫蛀，不过染色较困难
丙纶地毯	质轻、弹性好、强度高，原料丰富、生产成本低
腈纶地毯	柔软、保暖、弹性好，在低伸长范围内的弹性回复力接近于羊毛，比羊毛质轻，不霉变、不腐蚀不虫蛀，缺点是耐磨性差

纯毛地毯的特点

纯毛地毯主要原料为粗绵羊毛。

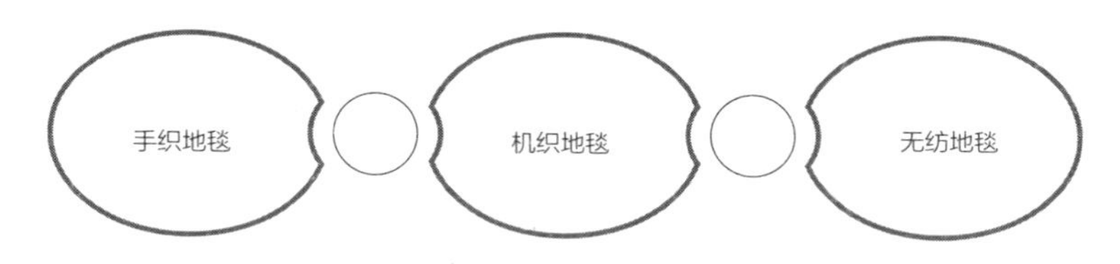

图 2-43　纯羊毛地毯的分类

纯毛地毯因具有质地柔软、耐用、保暖、吸声、柔软舒适、弹性好、拉力强、光泽足、质感突出、富丽堂皇等优点而深受人们的喜爱。但纯毛地毯价格较高，易虫蛀、易长霉，从而影响了使用范围。室内装饰一般只选用小块羊毛地毯作为客厅或卧室等的局部铺设。

纯毛地毯的选购

纯毛地毯价格昂贵，选购时必须慎重，优质的纯毛地毯可从以下几个方面识别。

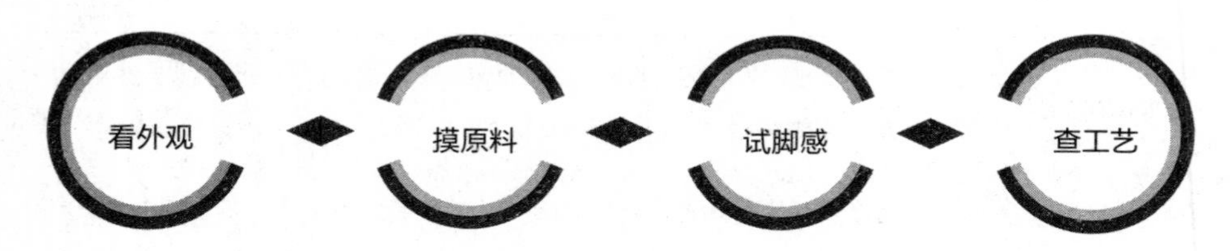

图 2-44　纯毛地毯的选购

（1）看外观。优质纯毛地毯图案清晰美观，绒面富有光泽，色彩均匀，花纹层次分明，下面毛绒柔软，倒顺一致；而劣质地毯则色泽黯淡，图案模糊，毛绒稀疏，容易起球粘灰，不耐脏。

（2）摸原料。优质纯毛地毯的原料一般是精细羊毛纺织而成，其毛长而均匀，手感柔软，富有弹性，无硬根；劣质地毯的原料往往混有发霉变质的劣质毛以及腈纶丙纶纤维等，其毛短且根粗细不匀，手摸索时无弹性，有硬根。

（3）试脚感。优质纯毛地毯脚感舒适，不黏不滑，回弹性很好，踩后很快便能恢复原状；劣质地毯的弹力往往很小，踩后复原极慢，脚感粗糙，且常常伴有硬物感觉。

（4）查工艺。优质纯毛地毯的工艺精湛，毯面平直，纹路有规则；劣质地毯则做工粗糙，漏线和露底处较多，其重量也因密度小而明显低于优质品。

化纤地毯的特点

化纤地毯是以化学纤维为主要原料制成。化纤地毯的出现弥补了纯毛地毯价格高，易磨损的缺陷。其种类较多，如聚丙烯纤维（丙纶）、聚丙烯腈纤维（腈纶）、聚酯纤维（涤纶）、尼龙纤维（锦纶）地毯等。

化纤地毯一般由面层、防松层和背衬三部分组成。

（1）面层以中、长簇绒制作。

（2）防松层以氯乙烯共聚乳液为基料，添加增塑剂、增稠剂和填充料，以增强绒面纤维的固着力。

（3）背衬是用胶黏剂与麻布粘接胶合而成。

化纤地毯外观与手感类似羊毛地毯，具有吸声、保温、耐磨、抗虫蛀等优点，但是弹性较差，脚感较硬，易吸尘积尘。化纤地毯价格较低，所以被很多数业主采用。

混纺地毯的特点

混纺地毯品种很多，常以纯毛纤维和各种合成纤维混纺。混纺地毯结合纯毛地毯和化纤地毯两者的优点，在羊毛纤维中加入化学纤维而成。如加入 20% 的尼龙纤维，地毯的耐磨性能就比纯羊地毯高出五倍。

混纺地毯克服了化纤地毯静电吸尘的缺点，并可克服纯毛地毯易腐蚀等缺点。混纺地毯具有保温、耐磨、抗虫蛀、强度高等优点，弹性、脚感比化纤地毯好，价格适中，为不少业主所青睐。

混纺地毯的选购

在选购混纺地毯时，应注意以下几点。

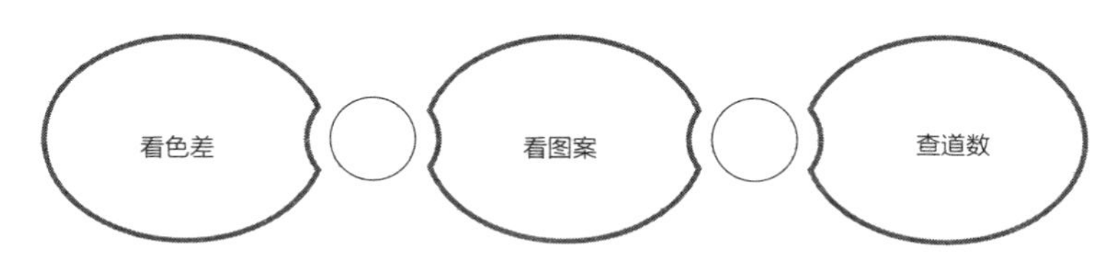

图 2-45　混纺地毯的选购

（1）把地毯平铺在光线明亮处，观看全毯颜色要协调，不可有变色、异色之处，染色也应均匀，忌讳忽浓忽淡。

（2）整体构图要完整，图案的线条要清晰圆润，颜色与颜色之间的轮廓要鲜明。优质地毯的毯面不仅平整，而且线头密，无缺疵。

（3）通常以“道数”（经纬线的密度—每平方英尺打结的多少）以及图案的精美和优劣程度来确定档次。其中 90 道地毯，每平方英尺手工打 8100 个毛结；120

道地毯，每平方英尺手工打 14400 个毛结；150 道地毯，每平方英尺手工打 22500 个毛结。道数越多，打结越多，图案就越精细，摸上去就越紧凑，弹性好，其抗倒伏性就越好。

剑麻地毯的特点

剑麻地毯以剑麻纤维为原料，经纺纱、编织、涂胶、硫化等工序制成。产品分素色和染色两种，有斜纹、鱼骨纹、帆布平纹、多米诺纹等多种花色。幅宽 4m 以下，卷长 50m 以下，可按需要裁割。其价格比羊毛地毯低，并具有抗压、耐磨、耐酸碱、无静电等优点，缺点是弹性较差。

剑麻地毯属于地毯中的绿色产品，可用清水直接冲刷，其污渍很容易清除。同时不会释放化学成分，能长期散发出天然植物特有的清香，带来愉悦的感受。

剑麻地毯具有耐腐蚀、酸碱等特性，如在烟头类火种落下时，不会因燃烧而形成明显痕迹。剑麻地毯相对使用寿命较长。目前虽然这类地毯售价较高，但仍然被很多业主青睐。

客厅作为我们家居装饰中非常重要的地方，也是进门之后最先映入眼帘的地方，而地毯又是客厅装饰中的重要的部分，因此我们一定要学会如何挑选客厅地毯。

挑选客厅地毯时还应该遵循以下几个原则。

（1）客厅在 $20m^2$ 以上的，不宜小于 1.7m × 2.4m。

（2）除了美观之外，是否耐用也很关键。

（3）地毯的价格应该占所处位置家具价格的 1/3 左右才合适。

（4）地毯的色彩与环境之间不宜反差太大。

（5）地毯的花形要按家具的款式来配套。

地毯的选购技巧

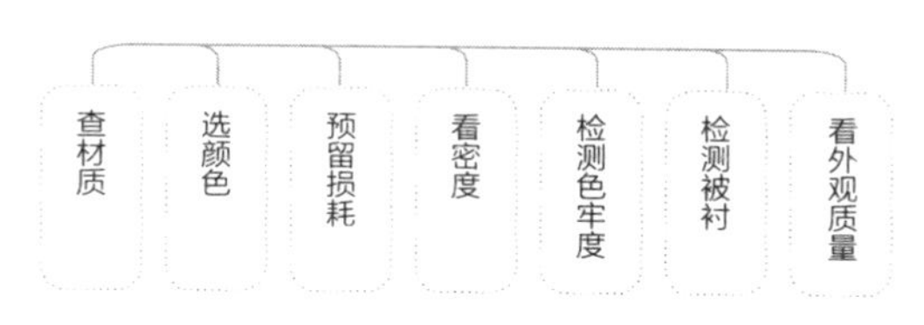

图 2-46　地毯的选购技巧

（1）选购地毯时首先要了解地毯纤维的性质，简单的鉴别方法一般采取燃烧法和手感、观察相结合的方法，棉的燃烧速度快，灰末细而软，其气味似燃烧纸张，纤维细而无弹性，无光泽；羊毛燃烧速度慢，有烟有泡，灰多且呈脆块状，其气味似燃烧头发。质感丰富，手捻有弹性，具有自然柔和的光泽。化纤及混纺地毯燃烧后熔融呈胶体并可拉成丝状，手感弹性好并且重量轻，其色彩鲜艳。

（2）选择地毯时，其颜色应根据室内家具与室内装饰色彩效果等具体情况而定，一般客厅或起居室内宜选择色彩较暗、花纹图案较大的地毯，卧室内宜选择花型较小、色彩明快的地毯。

（3）地毯施工用量核算适用于地毯满铺时的情况。由于地毯铺贴时常常需要剪裁，所以，核算时在实际面积计算出来后，要再加 8% ~ 12% 的损耗量。有的地毯下要求加弹性胶垫，其所需用量与地毯相同。

（4）观察地毯的绒头密度，可用手去触摸地毯，产品的绒头质量高，毯面的密度就丰满，这样的地毯弹性好、耐踩踏、耐磨损、舒适耐用。但不要采取挑选长毛绒的方法来挑选地毯，表面上看起来绒绒乎乎很好看，但绒头密度稀松，绒头易倒伏变形，这样的地毯不抗踩踏，容易失去地毯特有的性能，不耐用。

（5）检测色牢度，色彩多样的地毯，质地柔软，美观大方。选择地毯时，可用手或布在毯面上反复摩擦数次，看手或布上是否粘有颜色，如果粘有颜色，则说明该产品的色牢度不佳，地毯在铺设使用中易出现变色和掉色，而影响地毯在铺设使用中的美观效果。

（6）检测地毯背衬剥离强力，簇绒地毯的背面用胶乳粘有一层网格底布。在挑选该类地毯时，可用手将底布轻轻撕一撕，看看粘接力的程度，如果粘接力不高，底布与毯体就容易分离，这样的地毯不耐用。

（7）看外观质量，在挑选地毯时，要查看地毯的毯面是否平整、毯边是否平直、有无瑕疵、油污斑点、色差，尤其选购簇绒地毯时要查看毯背是否有脱衬、渗胶等现象，避免地毯在铺设使用中出现起鼓、不平等现象，失去舒适、美观的效果。

九、窗帘

布艺窗帘的特点

布艺窗帘是一种较传统的窗帘，经过了多年的发展，仍是人们所喜爱的窗帘品种之一。通常情况下，布艺窗帘的遮光度不是很好，如有需要，可在布帘后加上遮光布。加上遮光布后，遮光度可达 90% 以上。

布艺窗帘根据其面料、工艺不同可分为印花布、染色布、色织布、提花布等。

窗纱的特点

与布艺窗帘布相伴的窗纱不仅给居室增添柔和、温馨、浪漫的氛围，而且最具有采光柔和、透气通风的特性，可调节人们的心情，给人一种若隐若现的朦胧感。窗纱的面料材质有涤纶、仿真丝、麻或混纺织物等，可根据不同的需要任意搭配。

卷帘的特点

卷帘由质量优良、稳定性高的珠链式及自动式卷帘轨道系统，搭配多样化防水、防火、遮光、抗菌等多功能性卷帘布料而制成。其原理是以一块布利用滚轴，把布由顶部卷上，操作容易、方便更换及清洗，将繁琐的传统布帘简明化，是窗帘中最简约的款式。其优点是当卷帘收起时，遮挡窗口的位置较小，所以能使室内得到更大的空间感。卷帘有手拉和电动两种，并有多款布料可供选择。

百叶帘的特点

百叶帘的使用比较广泛，按安装方式可分为横式百叶帘和竖式百叶帘，以材质可分为亚麻、铝合金、塑料、木质、竹子、布质等。不同的材质有不同的风格特点，档次和价格高低也不相同。百叶帘的叶片宽窄也不等，从 2 ~ 12cm 都有。

百叶帘的最大特点在于可以根据光线的不同，任意调节角度，使室内的自然光富有变化。铝合金百叶帘和塑料百叶帘上还可进行贴画处理，成为室内一道亮丽的风景。

百叶帘的选购技巧

（1）转动调节棒，打开叶片，看看各叶片的间隔距离是否匀称。

（2）观察窗帘的颜色、叶片以及所有的配件，颜色都要保持一致。

（3）质量好的百叶窗帘叶片与线架都比较光滑平整。

（4）用手下压每个叶片，然后迅速松手，看看各叶片是否能够立即恢复水平状态。

（5）检查叶片自动锁紧的功能，看看是否既不继续上卷，也不松脱下滑。

罗马帘的特点

罗马帘既可以是单幅的折叠帘，也可以多幅并挂成为组合帘，一般质地的面料都可做罗马帘。它是一种上拉式的布艺窗帘，其特色是令较传统两边开的布帘更为简约，所以能使室内空间感较大。当窗帘拉起时，有一种折叠的层次感觉，让窗户增添一分美感。如需遮挡光线，罗马帘背后也可加上遮光布。这种窗帘装饰效果很好，华丽、漂亮并且使用简便，但实用性稍差一些。

垂直帘的特点

垂直帘因其叶片一片片垂直悬挂于上轨，由此而得名。垂直帘可左右自由调光，达到遮阳的目的。根据其材质不同，可分为铝质帘、PVC 帘及人造纤维帘等。其叶片可 180° 旋转，随意调节室内光线。收拉自如，既可通风，又能遮阳，豪华气派，集实用性、时代感和艺术感于一体。

木竹帘的特点

木竹帘给人古朴典雅的感觉，使空间充满书香气息。其收帘方式可选择折叠式（罗马帘）或前卷式，而木竹帘还可以加上不同款式的窗帘来配衬。大多数的木竹帘都会使用防霉剂及清漆处理过，所以不必担心发霉虫蛀问题。

木竹帘陈设在家居中能显出风格和品位，它基本不透光，但透气性较好，适用于纯自然风格的家居中，木竹帘的用木很讲究，所以价格偏高。

窗帘的选购技巧

窗帘的挑选是室内装饰中的一个重要环节，窗帘选择的好坏直接影响到室内空间的整体效果。在选购时应注意以下几点。

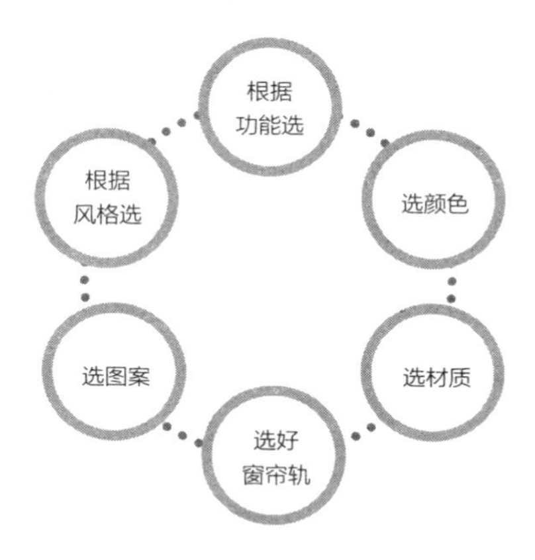

图 2-47 窗帘的选购技巧

（1）根据不同空间的使用功能来选择。如保护隐私、利用光线、装饰墙面、隔声等。例如卫浴厨房就要选择实用性较强、易洗涤、经得住蒸汽和油脂污染的布料；客厅、餐厅就应选择豪华、优美的面料；书房窗帘要透光性能好，如真丝窗帘；卧室的窗帘要求厚重、温馨、安全，如选背面有遮光涂层的面料。

（2）要符合室内的设计风格。因为窗帘的选择，是设计风格的第一要求。

（3）颜色方面。窗帘的配色主要表现为白色、红色、绿色、黄色和蓝色等。选择花色时，除了根据个人对色彩图案的感觉和喜好外，还要注重与家居的格局和色彩相搭配。一般来讲，夏天宜用冷色窗帘，如白、蓝、绿等，使人感觉清净凉爽；冬天则换用棕、黄、红等暖色调的窗帘，看上去比较温暖亲切。

（4）图案方面。窗帘的图案同样对室内气氛有很大的影响，清新明快的田园风光会使人心旷神怡，有返璞归真的感觉；颜色艳丽的单纯几何图案以及均衡图案则给人以安定、平缓、和谐的感觉，比较适用于现代感较强、墙面洁净的起居室中；儿童居室中应较多地采用动植物装饰图案。

（5）材质方面。布料的选择还取决于房间对光线的需求量。光线充足，可以选择薄纱、薄棉或丝质的布料；房间光线过于充足，就应当选择稍厚的羊毛混纺或织锦缎来做窗帘，以抵挡强光照射；房间对光线的要求不是十分严格的时候，选用素面印花棉质或者麻质布料最好。

（6）窗帘轨的选择。目前市场上出售的窗帘轨多种多样，多为铝合金材料制成，其强度高、硬度好、寿命长。结构上分为单轨和双轨，造型上以全开放式倒“T”形的简易窗轨和半封闭式内含滑轮的窗轨为主。

> 无论何种样式，都要保证使用安全、启合便利，关键是看材质的厚薄（包括安装轨道与滑轮的材质），两端封盖的质量。应选择表面工艺精致美观的产品，因其采用了先进的喷涂、电泳技术。同时近几年出现了新型材料，可以根据实际需求，选择低噪声或无声的窗轨。

窗帘杆与轨道

窗帘轨道是窗帘的一个不可忽视的细节，可以侧面反映房间主人的品位。除了满足方便、美观、耐用等最基本的需求外，还可根据窗户的边缘形状选择特殊的弯管和功能性的过圈支架相搭配，来满足不同客户的需求。轨道可分为明轨和暗轨。

明轨有木制杆、铝合金杆、铁艺杆三种，是年轻人最喜欢使用的窗帘装饰材料，按材料可配合各种风格的装修。

表 2-21　窗帘杆的分类及应用

实木杆	适合比较沉稳的家居风格

续表

铝合金杆	适合时尚和追求简约的家居
铁艺杆	适合欧洲和南美风格的家居

在挑选上，主要看材质和表面的处理。窗帘杆是直接暴露在家居表面的，所以杆子的表面处理尤为重要。装饰杆现在流行直径 19 ~ 22mm 的细杆，有铁艺杆和铝合金杆。铁艺杆使用寿命和手感都没有铝合金的好，但装饰效果比较强；铝合金杆一般比较精致，使用寿命长。还有需要注意的是安装托架，必须是厚 1.2mm 以上的钢板，装饰杆都是墙壁安装的，对安装托架的要求比普通暗轨要高。

暗轨，一种家居使用最多的产品，分为铝合金系列、塑料（所谓的纳米）系列和静音轨道。

（1）铝合金轨道要看轨道的壁厚，一般优质轨道的壁厚都在 1mm 以上，太薄的轨道由于强度小容易变形而影响滑轮的滚动。表面处理有喷涂和电泳，推荐电泳处理的轨道，比较光滑、持久。颜色其次，因为是安装在窗帘盒内，颜色对家居没有影响，主要看个人喜好。

（2）其次是滑轮。滑轮的材质有 ABS 和 POM，建议使用 POM 的滑轮，POM 是超耐磨的树脂，使用寿命长。滑轮的拉环也就是窗帘钩要挂在滑轮上的那个环，有普通铁环和不锈钢环、POM 树脂环，铁环由于会生锈，不建议选用。

（3）确定了轨道和滑轮，最关键的就是安装托架了，好的安装托架非常坚固耐用，使用 1mm 以上钢板制造，多层喷涂，安装和拆卸都很方便，是轨道安装牢固的基础。塑料轨道由于使用时间短，容易老化，一般不推荐家庭使用。

静音窗帘轨道成为家居窗帘轨道的首选，早期的静音轨道采用在铝合金上加塑料滑条的做法来减少滑轮滚动的声音，但是长期使用塑料会老化断裂，新型的静音轨道采用滑轮二次注塑的方式，滑轮的结构就像是汽车的轮胎，内圈是高强度的

POM，外包耐磨的PU材料，使滑轮在轨道上滚动时减少80%的声音，从而达到静音的效果。

十、厨具

整体橱柜的特点

对于厨房来说，橱柜无疑是重中之重，在一定程度上橱柜的外观直接决定着厨房的美观性，而目前整体橱柜的形式丰富多样，让现代厨房精彩纷呈。如今整体橱柜的细节设计十分人性化，有些甚至走在了使用者的需求之前。比如触碰式抽屉、隐藏式拉架等各种精妙的细节之处数不胜数。

对于整体橱柜的选择一定要分清主次。首先要关注整体质量，如板材要环保，台面要美观耐用，五金件质量要过硬，因为它们决定着橱柜的使用寿命，其次再去挖掘橱柜的各种细节功能。

整体橱柜门板的种类与特点

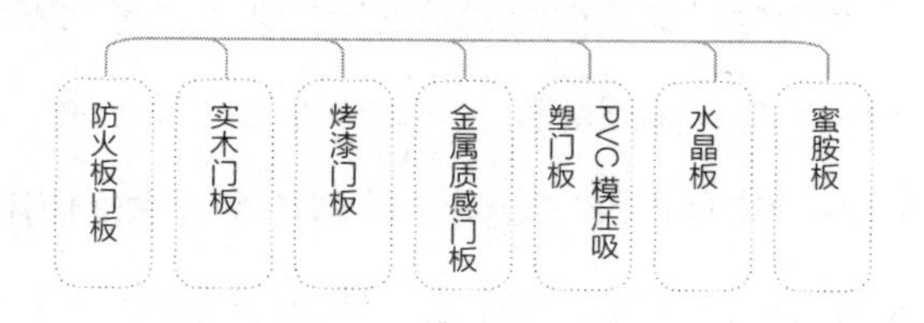

图2–48　门板的种类

（1）防火板门板。防火板是橱柜门板中最常见的一种，防火板橱柜颜色比较鲜艳，具有耐磨、耐高温、抗渗透、容易清洁、价格实惠等优点。防火板符合橱柜“美观实用”的发展趋势，因此在市场上长盛不衰。

缺点是门板为平板，无法创造凹凸、金属质感等立体效果，时尚感稍差，比较适合对橱柜外观要求一般，注重实用功能的中、低档装修。

（2）实木门板。实木制作的橱柜门板，具有回归自然、返璞归真的效果。尤其是一些进口的高档实木橱柜，花角边的处理以及漆面色泽工艺都达到世界先进水平，实木橱柜在国外十分流行。

缺点是国内厂家实木橱柜工艺与国际先进水平尚有较大距离，而进口实木橱柜价格昂贵，且外形变化较少，比较适合偏爱纯木质地的业主在高档装修中使用。

（3）烤漆门板。烤漆仅说明了一种工艺，即喷漆后经过烘房加温干燥处理。其特点是色泽鲜艳，具有很强的视觉冲击力，非常美观时尚。

缺点是由于技术要求高，废品率高，所以价格居高不下，比较适合对外观和品质要求比较高，追求时尚的年轻高档业主。

（4）金属质感门板。随着金属流行风的盛行，经过磨砂、镀铬等工艺处理的高档合金门板日益成为世界橱柜门板的新宠，一些世界著名的厂商在金属表面上印刷木纹，在木纹面上印制金属的制作手法，具有很高的技术含量。它的芯板由磨砂处理的金属板或各种玻璃组成，有凹凸质感，具有科幻世界一般的超现实主义风格，外形特别“酷”。

缺点是价格昂贵，适合追求与世界流行同步的超高档装修。

（5）PVC 模压吸塑门板。用中密度板为基材镂铣图案，用进口 PVC 贴面经热压吸塑后成型。PVC 模压板具有色泽丰富、形状独特的优点。由于吸塑后能将门板四边封住成为一体，因此不需要封边，解决了封边长时间后可能开胶的问题，国外称其为“无缺损板材”。

一般 PVC 膜为 0.6mm 厚，也有使用 1.0mm 厚高亮度 PVC 膜的，色泽如同高档镜面烤漆，档次很高。

（6）水晶板。因表层有光亮度，故而起名“水晶板”。基材采用中密度板或刨花板，表面粘贴“有机玻璃板”（俗称亚克力），厚度约 2 ~ 3mm。在粘贴前先喷漆，使成形后的板材具有各种色彩变化。

水晶板耐磨、耐刮、阻燃性能较差，更不具有抗压性能。对温度敏感，甚至有射灯长期照射的地方颜色会改变。

水晶板加工工艺简单，几乎采取手工操作方法，经喷漆上色、粘贴、手工封边、稍作打磨抛光后即可。原材料成本稍低于耐火板，如果销售价格较低，对于装修预算不多的人士而言也是一种可行的选择。

（7）蜜胺板。由基材和表面贴面黏合而成，表面贴面主要有国产和进口两类。由于经过三聚氰胺防火、抗磨、防水浸泡处理，使用效果类同于复合木地板。

这种门板在欧洲使用也比较广泛，在一些德国、意大利原装进口橱柜上经常可以看到。

亚克力门板早年畅销于欧美一些国家，近年在国内比较流行，与传统门板相比，除了较高的高光亮度外，还具有色泽饱满、立体感强、硬度高、韧性好、不易破损等优点，而且还具有可修复性，可以满足不同品位的个性追求，是目前橱柜门板材料最为环保的一种。

整体橱柜内部板材的种类与特点

橱柜的内部板材也同样重要，一般使用的是刨花板或中密度板。刨花板中间层为木质长纤维，两边为组织细密的木质纤维，经压制成板。由于刨花板的抗弯性能优于中密度板刨花板（指真正意义上的刨花板，小厂土法生产的板不在此列），所以是目前橱柜箱体的主要材料。

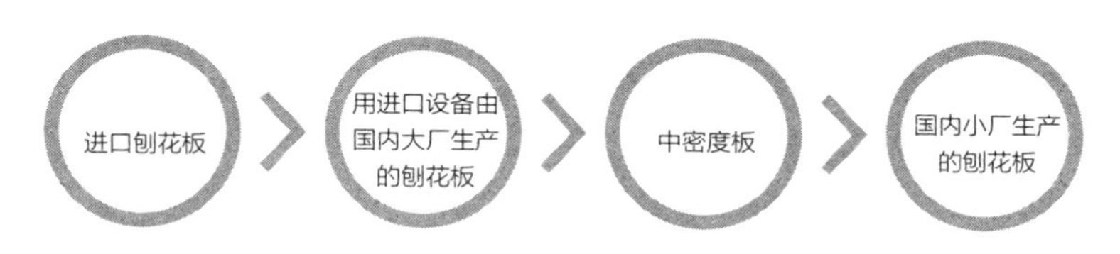

图 2-49　橱柜内部板材优良性能比较

（1）进口刨花板：目前欧美几乎所有的橱柜厂都使用刨花板，如德国久负盛名的 BERLONIROSSI、S-BEKA 等都使用刨花板。进口刨花板符合欧洲 E1 级最高环保标准，其中甲醛含量仅为国产板的 30%，分子结构紧密，抗弯强度高，并有 50% 以上的橱柜使用添加了绿色防潮剂的板材，这样的刨花板在一般潮湿情况下无任何变化，综合性能优于密度板。

（2）国内大厂生产的刨花板：国内几家大厂由于使用全套进口设备，也能生产出分子结构紧密、抗弯强度高的产品。由于板材主要由较大的木纤维组成，即使泡在水中，其膨胀率也只有 8% ~ 10%，不会像密度板那样膨胀得很厉害。

一般来说，表面装饰面为国外进口的刨花板，大多为大厂生产，且用于高档家具，买家与供应商都比较重视市场信誉，所以出问题的较少。

（3）中密度板：中密度板是木粉末经压制后成型，表面平整度较好，所以当表面需要镂铣、成型，而粘贴表面又为较软质地时（如镂花吸塑板），常使用中密度板以保证覆膜后表面平整。但由于原料全部是极细的木粉末，从防潮性能看，若将一块中密度板浸泡在水中，会像面包一样膨胀；而将刨花板浸泡在水中，因刨花板中有木质长纤维，更多地保留了木材的结构，所以膨胀到一定程度将不再膨胀，因此橱柜厂商没有普遍使用中密度板作为箱体材料是有一定道理的。

（4）国内小厂生产的刨花板：国内小厂只能生产一些普通常见的白光板、榉木纹板，由于设备、生产工艺落后，生产的板材在承重及抗弯曲、变形强度方面都较差，制作的家具紧固后容易松动，松动后因紧固强度不足，遇水后迅速膨胀。并且甲醛含量高，有的甚至超过国家标准几十倍，对人体危害很大。正是此种板材的品质影响了刨花板的声誉，而使业主误认为刨花板品质低劣。

整体橱柜台面的种类及特点

目前市场上橱柜面层材质很丰富，主要有如下几种。

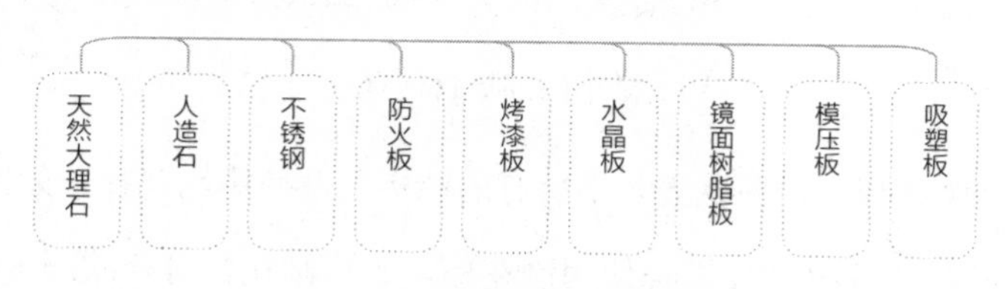

图 2-50　橱柜面层材质分类

（1）天然大理石台面：大理石是橱柜台面的传统原材料，具有密度好、硬度大、耐磨等优点，但由于其非常坚硬，弹性不足，所以长度不可能太长，无法做成通长的整体台面，如遇重击会发生裂缝。

（2）人造大理石台面：也是一种不怕水的树脂聚合物板，与天然大理石相比，它不含一些不利于人体健康的放射性元素，花色比较丰富，整体成型，接缝处毫无痕迹，并可反复打磨翻新。但易变形，同时由于以胶壳保护表面，损伤后不能修复。

（3）不锈钢台面：不锈钢是用于家庭橱柜及厨房工作台的传统原材料，不锈钢材质坚固、易于清洗，实用性较好。但其造价高，不易变化，与周围环境不容易搭配，所以较少使用。

（4）防火板台面：又称耐火板台面，以耐火板为贴面用于橱柜台面，占有一定的市场份额，由于其色泽鲜艳，耐磨、耐刮、耐高温性能较好，给人以焕然一新的感觉，且橱柜台面高低一致，辅以嵌入式燃气灶，增加了美的感觉。

其美中不足的是在于切断后暴露的断面部位，用耐火板贴面、PVC 贴面、金属条封边来掩盖断面木质基材，在转角台面拼接的结合部，缺乏有效的处理手段，通常采用硅胶黏合、塑料和专用金属嵌入以增加美观性。

（5）烤漆板橱柜台面：烤漆板基材为密度板，表面经过六次喷烤进口漆（三底、二面、一光）高温烤制而成。目前用于橱柜的“烤漆”仅说明了一种工艺，即喷漆后经过进烘房加温干燥的油漆处理基材门板。烤漆板的特点是色泽鲜艳、易于造型，具有很强的视觉冲击力，非常美观时尚。且防水性能极佳，抗污能力强，易清理。缺点是工艺水平要求高，废品率高，所以价格居高不下；使用时也要精心呵护，怕磕碰和划痕，一旦出现损坏就很难修补，要整体更换；在油烟较多的厨房中易出现色差。

（6）水晶板橱柜台面：水晶板由基材加白色防火板加亚克力制成。小作坊的厂家用的是有机玻璃；规范的厂家用的是亚克力，环保而且造型立体。该材质丰富了橱柜的设计，起到了积极的作用，深受一部分人的喜爱。

（7）镜面树脂板橱柜台面：镜面树脂板目前在橱柜市场上用得还是比较多的，它的属性跟烤漆门板差不多，时尚、色彩丰富、防水性好。但是不耐磨，容易刮花，而且耐高温性也不是很好。所以对色彩要求高、追求时尚的业主可以选择镜面树脂板的橱柜。

（8）模压板橱柜台面：它以密度板为基材，以面模 PVC 作贴面经高温热压成型。它分亚光模压板和高光模压板两大类，可加工成各种形状。面模有国产进口之分，进口一般来自韩国、日本、德国，进口与国产的区别在于面模的厚与薄及耐磨性。

（9）吸塑板橱柜台面：吸塑板基材为密度板、表面经真空吸塑而成或采用一次无缝 PVC 膜压成型工艺。吸塑型门板色彩丰富，木纹逼真，单色色度纯而艳，不开裂不变形，耐划、耐热、耐污、防褪色，是最成熟的橱柜材料，而且日常维护简单。吸塑门板是欧洲非常成熟也非常流行的一种橱柜材料，但是国产很多 PVC 吸塑门板质量并不过关。

整体橱柜的选购技巧

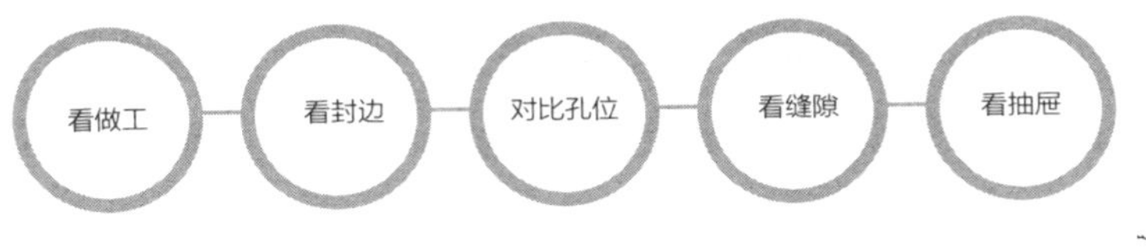

图 2-51　整体橱柜的选购技巧

不同的橱柜看上去风格相似，颜色相同，但内在质量上却存在很大的差异。除了橱柜的选材不同外，专业大厂用自动机械化流水线生产的橱柜和手工作坊式小厂用手工生产出的橱柜在质量上也有天壤之别。普通业主在选购橱柜时要注意如下方面。

（1）大型专业化企业用电子开料锯通过电脑输入加工尺寸，开出的板尺寸精度非常高，误差单位以微米计，而且板边不存在崩槎的现象。而手工作坊型小厂用小型手动开料锯，开出的板尺寸误差大，往往在1mm以上，而且经常会出现崩槎现象，致使板材基材暴露在外。

（2）优质橱柜的封边细腻、光滑、手感好，封线平直光滑，接头精细。专业大厂用直线封边机一次完成封边、断头、修边、倒角、抛光等工序，涂胶均匀，压贴封边的压力稳定，流水线保证最精确的尺寸。

作坊式小厂是用刷子涂胶，人工压贴封边，用裁纸刀来修边，用手动抛光机抛光，由于涂胶不均匀，封边凸凹不平，封线波浪起伏，很多地方不牢固，很容易出现短时间内开胶、脱落的现象，一旦封边脱落，会出现进水、膨胀的现象，同时导致大量甲醛等有毒气体挥发到空气中，对人体造成危害。

（3）孔位的配合和精度会影响橱柜箱体的结构牢固性。专业大厂的孔位都是一个定位基准，尺寸的精度是有保证的。手工小厂使用排钻，甚至是手枪钻打孔。由于不同的定位基准以及在定位时的尺寸误差较大，造成孔位的配合精度误差很大，在箱体组合过程中甚至会出现孔位对不上的情况，这样组合出的箱体尺寸误差较大，不是很规则的方体，而是扭曲的。

（4）橱柜的组装效果要美观，缝隙要均匀。生产工序的任何尺寸误差都会表现在门板上，专业大厂生产的门板横平竖直，且门间间隙均匀，而小厂生产组合的橱柜，门板会出现门缝不平直、间隙不均匀，有大有小，所有的门板不在一个平面上。

（5）注意抽屉滑轨是否顺畅，是否有左右松动的状况。还要注意抽屉缝隙是否均匀。

整体橱柜一般都是量身定做的，这里面有一个单位的问题需要注意。橱柜是以“延米”计算的，包括了地柜、操作台、吊柜在一起，是有宽度和深度的。延米是一个立体的度量单位。

水槽的种类与特点

水槽是厨房中必不可少的卫生洁具，一般用于橱柜的台面上。

图 2-52　常见水槽的材质

（1）不锈钢水槽有亚光、抛光、磨砂等款式，它不仅不易刮伤，且高档的水槽更具有良好的吸声能力，能够把洗刷餐具时产生的噪声减至最低。不锈钢水槽的尺寸和形状丰富多样，它本身具有的光泽能让整个厨房极具现代感。

（2）人造结晶石是人工复合材料的一种，由结晶石或石英石与树脂混合制成。这种材料制成的水槽具有很强的抗腐性，可塑性强且色彩多样，与不锈钢的金属质感比起来，它更为温和，而且多样的色彩可以迎合各种整体厨房设计。

（3）花岗岩混合水槽是由 80% 的天然花岗岩粉混合了丙烯酸树脂铸造而成的产品，属于高档材质。其外观和质感就像纯天然石材一般坚硬光滑，水槽表面显得更加高雅、时尚、美观、耐磨。

水槽的选购技巧

在选购厨房水槽时应注意以下几点。

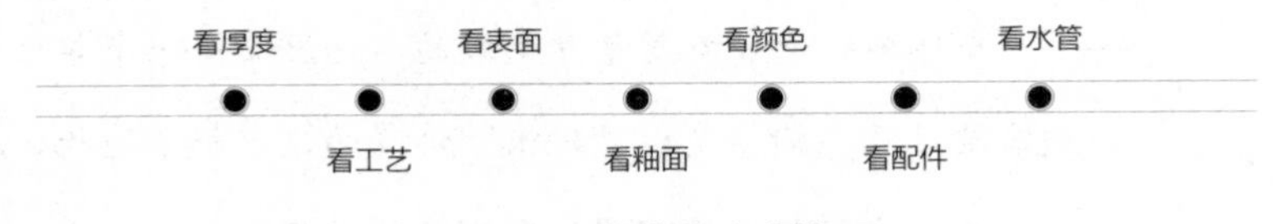

图 2–53　水槽的选购技巧

（1）选购不锈钢水槽时，先看不锈钢材料的厚度，以 0.8 ~ 1.0mm 厚度为宜，过薄会影响水槽的使用寿命和强度，过厚则容易损害餐具。

（2）看表面处理工艺。高光的光洁度高；砂光的耐磨损，却易聚集污垢；亚光的既有高光的亮泽度，也有砂光的耐久性，一般会有较多的人选择。

（3）使用不锈钢水槽，表面最好经过拉丝、磨砂等特殊处理，这样既能经受住反复磨损，也可更耐污，清洗方便。

（4）选择陶瓷水槽重要的参考指标是釉面光洁度、亮度和陶瓷的蓄水率。光洁度高的产品，颜色纯正，不易挂脏积垢，易清洁，自洁性好。吸水率越低的产品越好。

（5）人造石水槽用眼睛看，颜色清纯不混浊，表面光滑；用指甲划表面，无明显划痕。最重要的是看质检证书、质保卡等证件是否齐全。

（6）下水管防漏，配件精密度及水槽精度应一致，防堵塞，无渗水滴漏。下水管件分为两个部分：去水头和排水管。去水头按照直径分为 110mm、140mm、160mm，按照结构分为钢珠定位、手动定位、提笼结构、自动下水。现在常用的去水头为钢珠定位和提笼结构，相比自动下水结构复杂，维修不便利，当然口越大下水也会越快。

（7）排水管现在基本采用 PVC 材质，PVC 就是聚氯乙烯。有回收材料和原料之分，也就是掺杂废料的多少，可以决定成本，简单的测试方法是用手用力捏（最好是有力气的人来做），差的材质易碎，没有弹性。

水龙头的种类与特点

水龙头是室内水源的开关，负责控制和调节水的流量大小，是室内装饰装修的必备材料。

表 2-22 水龙头的种类

划分类型	类别
按材料分	可分为铸铁、全塑、全铜、合金材料水龙头等类别
按功能分	可分为冷水龙头、面盆龙头、浴缸龙头、淋浴龙头
按结构分	可分为单联式、双联式和三联式等几种水龙头
按手柄多少分	有单手柄和双手柄之分
按开启方式分	可分为螺旋式、扳手式、抬起式和感应式水龙头

（1）单联式可接冷水管或热水管；双联式可同时接冷热水管，多用于卫浴洗面盆以及有热水供应的厨房洗菜盆的水龙头；三联式除接冷、热水两根管道外，还可以接淋浴喷头，主要用于浴缸的水龙头。

（2）单手柄水龙头通过一个手柄即可调节冷热水的温度；双手柄则需通过分别调节冷水管和热水管来调节水温。

（3）螺旋式手柄打开时，要旋转很多圈；扳手式手柄一般要旋转 90°；抬起式手柄只需往上一抬即可出水；感应式水龙头只要把手伸到水龙头下，便会自动出水；另外，还有一种延时关闭的水龙头，关上开关后，水还会再流几秒钟才停，这样关水龙头时手上沾上的脏东西还可以再冲干净。

水龙头的选购技巧

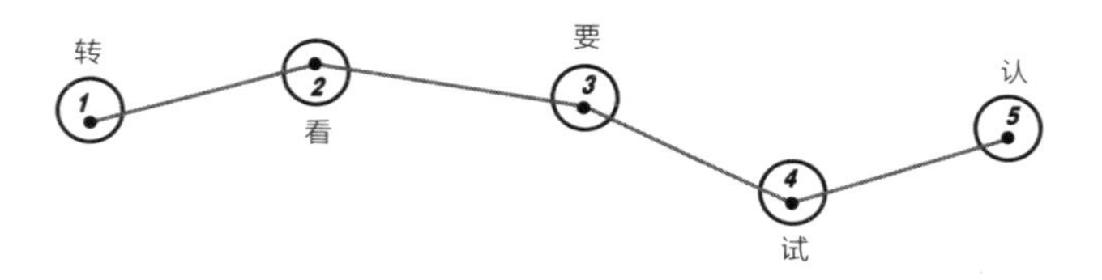

图 2-54 水龙头的选购技巧

（1）转手柄。感觉轻便则阀芯好。钢球阀芯有很好的抗耐压能力，但缺点是起密封作用的橡胶圈容易损耗，很快会老化。和钢球阀芯相比，陶瓷阀芯更为耐热耐磨，同时陶瓷阀本身就具有良好的密封性能，因此能达到很高的耐开启次数，不会因阀芯磨损造成水嘴滴漏。采用陶瓷阀芯的龙头，手感上也更舒适、顺滑，且开启、关闭迅速。

由于阀芯在水龙头内部，业主在选购时看不见阀芯，但业主可根据转动手柄时的手感来简单判断阀芯好坏。一般来说，业主上、下、左、右转动手柄，若感觉轻便、无阻滞感则说明阀芯较好。

（2）看外表。镀层应光亮如镜。水龙头磨抛成型后，表面要镀镍或铬以防水龙头氧化，镀镍或铬后对水龙头进行中型盐酸试验，试验后在一定时间内镀层应无锈蚀现象。据了解，只有通过中性盐雾试验的水龙头才能出厂。

在选购时，最好将水龙头放置在光线充足的地方查看，水龙头表面应光亮如镜、无任何氧化斑点、烧焦痕迹、无气孔、无起泡、无漏镀、色泽均匀；用手摸无毛刺、砂粒；用手指按压水龙头后，指纹很快散开，且不易附着污物。

（3）要检测书。质量更有保证。一般来说，在选购时可采用估重的方法进行鉴别，黄铜较重较硬，锌合金较轻较软。不过这也并非是绝对的，有些厂家通过加大水龙头壁厚或加入其他金属材料，也可以使水龙头掂起来较重，因此业主最好向销售人员索要产品的检测报告书，如果检测报告书认定产品合格，则问题不大。

此外，宜选更为耐用的整体浇铸水龙头。整体浇铸的水龙头敲打起来声音更沉闷，业主在选购时可以通过敲打水龙头来判断水龙头是否为整体浇铸。

（4）试水流。发泡丰富且柔和说明起泡器较好。在选购时，应尽量选择带有起泡器的水龙头，并以手触摸感觉水流，水流柔和且发泡水流气泡含量丰富，说明起泡器质量较好。起泡器一般要六层，通常由金属网罩（部分为塑料）构成，水流经过网罩时会被切割成大量中间夹杂着空气的细小水柱，使水不至于四处飞溅。

（5）认品牌。选品牌售后服务更有保障。应到正规市场和超市购买品牌水龙头，品牌商品均有生产厂家的品牌标识，非正规产品或质量较次产品往往仅粘贴一些纸质标签，甚至无任何标记。水龙头包装箱内还应有生产厂家的品牌标识、质量保证书和售后服务卡。

厨房水龙头的材质一般为黄铜，也就是市面上最常见的纯铜龙头。但是由于厨房环境的特色，纯铜龙头并不一定是最好的选择。所有的纯铜龙头在最外层都有电镀，电镀的作用是防止内部的黄铜腐蚀和生锈。如果要选择全铜厨房龙头，一定要确定有优秀的电镀，否则很容易造成龙头生锈腐蚀。

现在已经有部分厂商使用优质不锈钢制造龙头，优质不锈钢制造的龙头具有不含铅、耐酸、耐碱、不受腐蚀、不释放有害物质、不会污染自来水源的特点，并且不锈钢龙头不需要电镀，清洁起来十分方便。

抽油烟机的种类与特点

抽油烟机又称吸油烟机，是一种净化厨房环境的厨房电器。它安装在厨房炉灶上方，能将炉灶燃烧的废物和烹饪过程中产生的对人体有害的油烟迅速抽走，排出室外，减少污染，净化空气，并有防毒、防爆的安全保障作用。目前市场上的抽油烟机有薄型机、深型机和柜式机三种类型。

表 2-23 抽油烟机的种类与特点

薄型机	重量轻、体积小、易悬挂，但其薄型的设计和较低的电机功率，使相当一部分烹饪油烟不能被抽吸，排烟率明显低于其他两类机型

续表

深型机	外形流畅美观，排烟率高，已成为业主购买油烟机时的首选机型。深型抽油烟机的外罩能最大范围地抽吸烹饪油烟，便于安装功率强劲的电机，这使得油烟机的吸烟率大大提高。但深型抽油烟机由于体积较大较重，悬挂时要求厨房墙体具有一定厚度和稳固性
柜式机	由排烟柜和专用油烟机组成，油烟柜呈锥形，当风机开动后，柜内开成负压区，外部空气向内部补充，排烟柜前面的开口就形成一个进风口，油烟及其他废气无法逃出，可确保油烟和氮氧化物的抽净率。柜式抽油烟机吸烟率高，不用悬挂，不存在钻孔、安装的问题。但是，由于左右挡板的限制，使操作者在烹饪时有些局限和不便

注：以上三种类型的抽油烟机在技术条件相同的情况下，油烟抽净率为：薄型机在40%左右，深型机在50% ~ 60%，柜式机大于95%

中式抽油烟机的特点

中式抽油烟机主要分为浅吸式和深吸式。浅吸式是目前主要淘汰的对象，属于普通排气扇，就是直接把油烟排到室外。而深吸式烟机主要的问题是占用空间，噪声大，容易碰头，滴油，油烟抽不干净，使用寿命短，清洗不方便，对环境污染大。

欧式抽油烟机的特点

欧式抽油烟机利用多层油网过滤（5 ~ 7层），增加电机功率以达到最佳效果，一般功率都在200W以上。其特点是外观漂亮，但价格较贵，适合高端用户群体，多为平网型过滤油网，吊挂式安装结构。

侧吸式抽油烟机的特点

侧吸式抽油烟机是近几年开发的产品，改变了传统烟机设计和抽油烟方式，烹饪时从侧面将产生的油烟吸走，基本达到了清除油烟的效果，而侧吸式抽油烟机中的专利产品——油烟分离板，彻底解决了中式烹调猛火炒菜油烟难清除的难题。这种抽油烟机由于采用了侧面进风及油烟分离的技术，使得油烟吸净率高达99%，油烟净化率高达90%左右，成为真正符合中国家庭烹饪习惯的抽油烟机。

抽油烟机的选购技巧

选购抽油烟机时要考虑到安全性、噪声、风量、主电机功率、类型、外观、占用空间、操作方便性、售价及售后服务等因素。一般来讲，通过长城认证的抽油烟机，其安全性更可靠，质量有保证。噪声方面，国家标准规定抽油烟机的噪声不超过65 ~ 68分贝。另一要素是抽排效率。只有保持高于180Pa（180帕）的风压，才能形成一定距离的气流循环。风压大小取决于叶轮的结构设计，一般抽油烟机的叶轮多采用涡流喷射式。

另外，一些小厂家为了降低成本，将风机的涡轮扇叶改成塑料的。在厨房这样的环境中，塑料涡轮扇叶容易老化变形、也不便清洗，所以业主应尽可能选购金属涡轮扇叶的抽油烟机。

燃气灶的种类与特点

燃气灶是人们日常生活的必备用品，既要美观、实用，又要安全、可靠。

表2-24 燃气灶的划分

按使用气种	有天然气灶、液化石油气灶两种

续表

按材质	有铸铁灶、搪瓷灶、不锈钢面板灶、钢化玻璃面板灶等
按安装方式	有台式燃气灶和嵌入式燃气灶

（1）台式燃气灶。台式燃气灶又分为单眼和双眼两种，由于台式燃气灶具有设计简单、功能齐全、摆放方便、可移动性强等优点，因此受到大多数家庭的喜爱。

（2）嵌入式燃气灶。嵌入式是将橱柜台面做成凹字形，正好可嵌入燃气灶，灶柜与橱柜台面成一平面。嵌入式燃气灶从面板材质上分可分为不锈钢、搪瓷、玻璃以及特氟隆不沾油 4 种。

由于嵌入式灶具美观、节省空间、易清洗，使厨房显得更加和谐和完整，方便了与其他厨具的配套设计，营造出完美的厨房环境，因此，受到了许多业主的喜爱，很多家庭在装修新房时都选用了这种类型的燃气灶具。

嵌入式灶具可分为下进风、上进风、后进风三种。

表 2-25　嵌入式灶具的分类

下进风型	这种灶具增大了热负荷及燃烧器，但要求橱柜开孔或依靠较大的橱柜缝隙来补充燃料所需的二次空气，同时利于泄漏燃气的排出。国内用户很少将橱柜开孔，因而造成燃料不充分、黄焰、一氧化碳浓度高，一旦燃气泄漏量较大，可能会造成点火爆燃，并导致玻璃类灶台面板爆裂。这种产品的燃烧值很难满足国家标准
上进风型	这种灶具改进了下进风型灶具的缺点，将炉头抬高超过台面，目的是使空气能够从炉头与承液盘的缝隙进入。但仍然没能解决黄焰及一氧化碳浓度偏高的问题
后进风型	这种灶具在面板的低温区安有一个进风器，以解决黄焰问题和降低一氧化碳浓度，泄漏的燃气也可以从这个进气口排出去，即使燃气泄漏出现点火爆燃，气流也可以从进风器尽快地排放出去，迅速降低内压，避免台面板爆裂

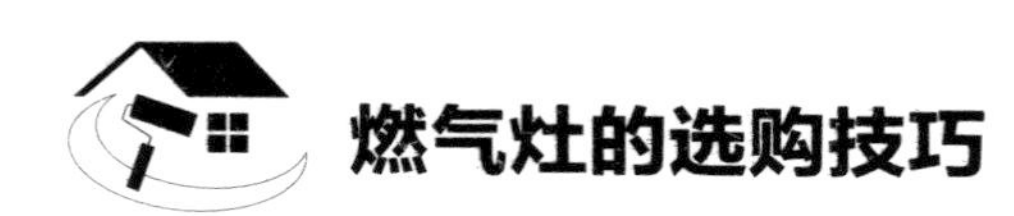

燃气灶的选购技巧

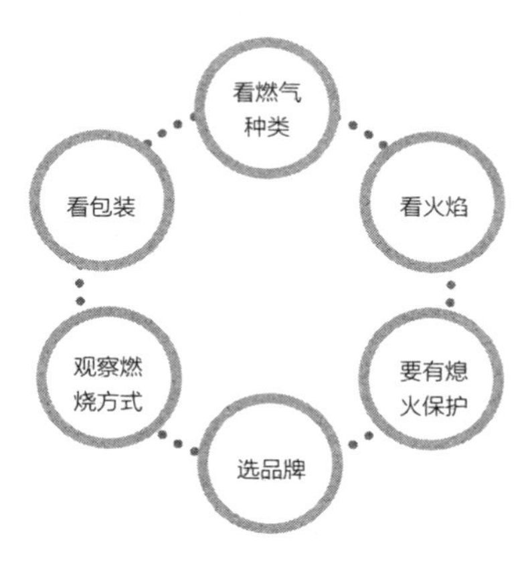

图 2-55 燃气灶的选购技巧

（1）在选购之前必须清楚自己所居住地区究竟使用哪一种燃气。我国城市燃气主要分为三大类：人工煤气、天然气和液化石油气。燃气灶产品按照使用气源不同也分为相应的三大类，在购买时不要选错。

（2）可通过观察产品包装和外观来大致辨别产品质量。通常情况下优质燃气灶产品外包装材料结实、说明书与合格证等附件齐全、印刷内容清晰；燃气灶外观应美观大方，机体各处无碰撞现象，一些以铸铁、钢板等材料制作的产品表面喷漆应均匀平整，无起泡或脱落现象。燃气灶的整体结构应稳定可靠，灶面要光滑平整，无明显翘曲，零部件的安装要牢固可靠，不能有松脱现象。

（3）燃气灶的开关旋钮、喷嘴及点火装置的安装位置必须准确无误，通气点火时，应基本每次点火都可使燃气点燃起火启动 10 次（至少应有 8 次可点燃火焰），点火后 4 秒内火焰应燃遍全部火孔，利用电子点火器进行点火时，人体在接触灶体的各金属部件时，无触电感觉。火焰燃烧时应均匀稳定呈青蓝色，无黄火、红火现象。

（4）注意燃烧方式。现在燃气灶具按照燃烧器划分为直火燃烧及旋转火燃烧。通常，旋转火燃烧热效率较高，火力较集中，适合于爆炒。但随着热负荷的增大，旋转火的烟气易超标，而直火燃烧火力较均匀，烟气一般不易超标。

（5）要注意燃气灶必须有熄火保护安全装置，当灶头上的火被煮沸的水浇灭时，灶具会自动切断气源，以免造成难以预料的危险。从工作原理上分为两种：热电偶和自吸式电磁阀。热电偶是温度感应装置，其反应较慢，而电磁阀反应灵敏，但较为耗电。业主在购买时一定要注意这一点。

（6）买大厂家、大品牌的成熟产品。名牌质量方面的隐患可以少一点，不要随意购买杂牌灶具，以免购买后在使用过程中出现故障，无处维修事小，造成危险和损失事大。

消毒柜的种类与特点

消毒柜是指通过紫外线、远红外线、高温、臭氧等方式，给食具、餐具等物品进行杀菌消毒、保温除湿的工具。外形一般为柜箱状，柜身大部分材质为不锈钢。市场上销售的消毒柜品种很多，人们熟知的是高温消毒和紫外线消毒，但要注意的是并不是所有发紫色光的灯都具有超强的杀菌力。目前得到世界认可且广泛使用在医学上消毒的是蓝波紫外线灯，但紫外线灯管的消毒柜在市场上售价都较高。

用远红外线消毒时，消毒柜的温度必须达到125℃，而且持续保持15min，才能把对人体有害的大肠杆菌及肝炎病毒等杀死。远红外线消毒柜的杀菌效果不错，但温度控制难掌握。如果温度过高或时间过长，则容易损坏塑料餐具；如果温度过低或时间太短，则不能彻底消毒。

表 2-26 消毒柜的种类与特点

按功能分	单功能	单功能消毒柜通常采用高温、臭氧或紫外线等单一功能进行消毒
	多功能	多功能消毒柜多采用高温、臭氧、紫外线、蒸汽、纳米等不同组合方式来消毒，能够杀灭多种病毒、细菌

续表

按消毒室数量分	单门	单门消毒柜一般只有一种消毒功能； 单门消毒柜适用于集体饭堂和酒店等的餐具消毒，属高温消毒
	双门	双门消毒柜一般为两种或两种以上消毒方式的组合； 双门宜为家庭选用，因为家庭中的餐具一般可分为耐高温和不耐高温两类，而且一般的双门柜都具有高温和低温消毒两种功能

消毒柜的选购技巧

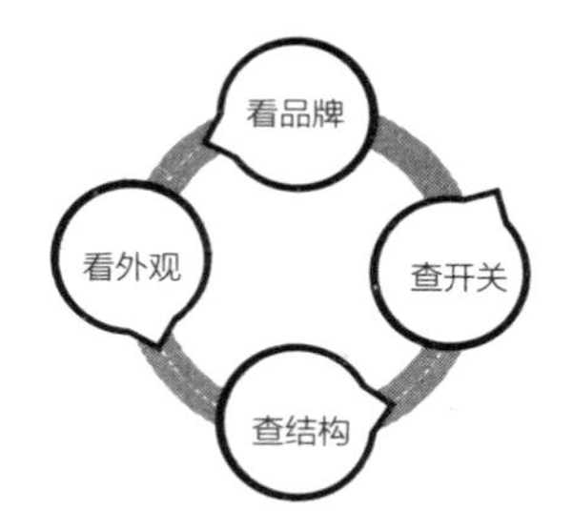

图 2-56 消毒柜的选购技巧

（1）消毒柜的箱体结构外形应端正，外表面应光洁、色泽均匀，无划痕，涂覆件表面不应有起泡、流痕和剥落等缺陷。

（2）箱体结构应牢固，门封条应密闭良好，与门黏合紧密，不应有变形。

（3）柜门开关和控制器件应方便、灵活可靠，紧固部位应无松动。

（4）建议业主到知名的经销公司购买知名的生产企业生产的消毒柜。一是因为知名的经销商的售后服务有保障；二是知名生产企业有技术、资金优势，开发、生产的消毒柜大都有自己的技术和专利，能符合国家标准的要求，产品质量有保证。

十一、卫浴洁具

洗手盆的种类与特点

洗手盆又叫面盆，面盆虽小，但关系到生活的心情。选择一款美观实用的面盆，能让使用者的心情愉悦而自信。传统的面盆只注重实用性，而现在流行的面盆更加注重外形，常常是单独摆放，其种类、款式和造型都非常丰富。

一般分为台式面盆、立柱式面盆和挂式面盆三种；而台式面盆又有台上盆、上嵌盆、下嵌盆及半嵌盆之分，立柱式面盆又可分为立柱盆及半柱盆两种；从形式上分为圆形、椭圆形、长方形、多边形等。

表 2-27　洗手盆的种类与特点

立柱式面盆	立柱式面盆比较适合于面积偏小或使用率不是很高的卫生间（比如客卫）。一般来说立柱式面盆大多设计很简洁，由于可以将排水组件隐藏到主盆的柱中，因而给人干净、整洁的外观感受，而且，在洗手的时候，人体可以自然地站立在盆前，使用起来更加方便、舒适
台式面盆	台式面盆比较适合安装于面积比较大的卫生间中，可采用天然石材或人造石材的台面与之配合使用，还可以在台面下定做浴室柜，盛装卫浴用品，既美观又实用
台上盆	台上盆的安装比较简单，只需按安装图纸在台面预定位置开孔，然后将盆放置于孔中，用玻璃胶将缝隙填实即可，使用时台面的水不会顺缝隙下流。因为台上盆造型、风格多样，而且装修效果比较理想，所以在家庭中使用得比较多
台下盆	台下盆对安装工艺的要求较高，首先需按台下盆的尺寸定做台下盆安装托架，然后再将台下盆安装在预定位置，固定好支架再将已开好孔的台面盖在台下盆上并固定在墙上，一般选用角铁托住台面然后与墙体固定。台下盆的整体外观整洁，比较容易打理，所以在公共场所使用较多。但是盆与台面的接合处比较容易藏污纳垢，不易清洁

洗手盆的选购技巧

图 2-57 洗手盆的选购技巧

（1）在挑选陶瓷面盆时应该在强光下观察表面的反光情况，这样一些小的砂眼和瑕疵都将一览无遗，手感上应以平整细腻为好。

（2）从价格上看，500 元以下的陶瓷面盆属于中低档产品。这种面盆经济实惠，但色彩、造型变化不大，大多是白色陶瓷制成，以椭圆形、半圆形为主。1000 ~ 5000 元的陶瓷面盆属于高档产品，这种价位的产品做工精细，有的还有配套的毛巾架、牙缸和皂碟，人性化的设计很到位。

（3）选用玻璃面盆时，应该注意产品的安装要求，有的面盆安装要贴墙固定，在墙体内使用膨胀螺栓进行盆体固定，如果墙体内管线较多，就不适宜使用此类面盆。

（4）除此之外，还应该检查面盆下水返水弯、面盆龙头上水管及角阀等主要配件是否齐全。

面盆龙头的特点

用于放冷水，热水或冷热混合水。它的结构有螺杆升降式、金属球阀式、陶瓷阀芯式等。阀体用黄铜制成，外表有镀铬，镀金及各色金属烘漆，造型多种多样；手柄分为单柄和双柄等形式；高档的面盆龙头装有落水提拉杆，可直接提拉打开洗面盆的落水口，排除污水。

坐便器的种类与特点

坐便器又称为抽水马桶，是取代传统蹲便器的一种洁具。

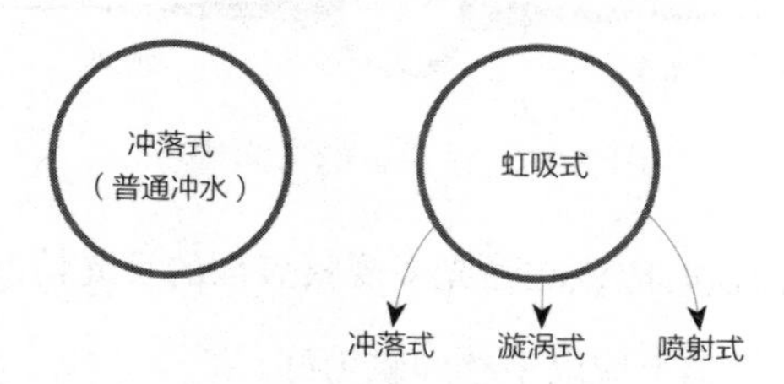

图 2-58　坐便器的种类

虹吸式与普通冲水方式的不同之处在于它一边冲水，一边通过特殊的弯曲管道达到虹吸作用，将污物迅速排出。虹吸漩涡式和喷射式设有专用进水通道，水箱的水在水平面下流入坐便器，从而消除水箱进水时管道内冲击空气和落水时产生的噪声，具有良好的静音效果；而普通冲水及虹吸冲落式虽然排污能力强，但冲水时噪声比较大。

坐便器的选购技巧

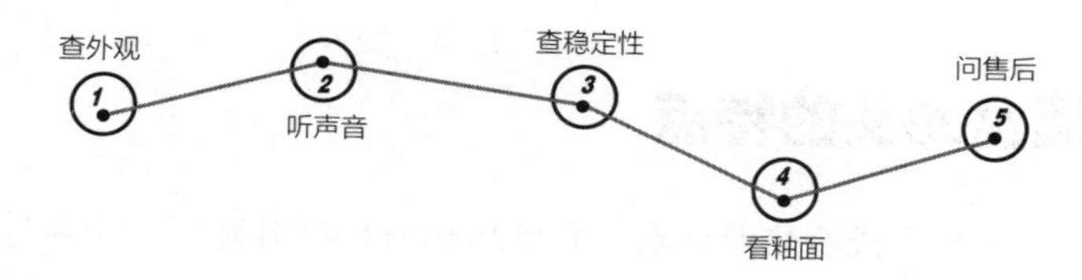

图 2-59　坐便器的选购技巧

（1）由于卫生洁具多半是陶瓷质地，所以在挑选时应仔细检查它的外观质量。陶瓷外面的釉面质量十分重要，好釉面的坐便器光滑、细致，没有瑕疵，经过反复冲洗后依然可以光滑如新。如果釉面质量不好，则容易使污物污染四壁。

（2）可用一根细棒轻轻敲击坐便器边缘，听其声音是否清脆。如果有沙哑声则说明坐便器有裂纹。

（3）将坐便器放在平整的台面上，进行各方向的转动。检查是否平稳、匀称，安装面及坐便器表面的边缘是否平正，安装孔是否均匀圆滑。

（4）优质坐便器釉面必须细腻平滑，釉色均匀一致。可以在釉面上滴几滴带色的液体，并擦匀，数秒钟后用湿布擦干，再检查釉面，以无脏斑点的为佳。

（5）业主在购买时应留意保修和安装服务，以免日后产生不便。一般正规的洁具销售商都具有比较完善的售后服务，业主可享受免费安装、3 ~ 5 年的保修服务；而小厂家则很难保证。

> 在选坐便器前，一定要先搞清楚自家坐便器适合的坑距，打算用什么冲水方式：虹吸式、冲落式？坐便器形式：分体式、连体式、挂墙式？这几个问题是关系到是否能够买到合适坐便器的关键问题。

浴缸的种类与特点

浴缸按款式分无裙边缸和有裙边缸，款式有心形、圆形、椭圆形、长方形、三角形等。

根据材料的不同，浴缸可分为亚克力、钢板、铸铁、陶瓷、仿大理石、磨砂、玻璃钢板、木质等。各种材料中，亚克力、钢板、铸铁是主流产品，其中，铸铁的档次最高，亚克力和钢板次之。

从功能上分，浴缸除传统的以外，还有按摩浴缸。按摩浴缸有旋涡式、气泡式和结合式三种。旋涡式浴缸能令浸浴缸的水转动；气泡式浴缸可以把空气泵入水中；结合式浴缸是以上两种功能的结合。

通常情况下浴缸的长度为 1100 ~ 1700mm 不等，深度一般在 500 ~ 800mm。如果卫浴面积较小，可以选择 1100mm、1300mm 的浴缸；如果卫浴面积较大，可选择

1500mm、1700mm 的浴缸；如果卫浴面积足够大，可以安装高档的按摩浴缸和双人用浴缸，或外露式浴缸。长度在 1500mm 以下的浴缸，深度往往比一般浴缸深，约 700mm，这就是常说的坐浴浴缸，由于缸底面积小，这种浴缸比一般浴缸容易站立，节约空间的同时也不影响使用的舒适度。

表 2-28　浴缸的种类与特点

钢板浴缸	优点	钢板浴缸是用一定厚度的钢板制成，表面镀搪瓷，不易脏，方便清洁，不易褪色，光泽持久，而且易成型，造价便宜
	缺点	因钢板较薄、坚固度不够，而具有噪声大、表面易脱瓷和保温性能不好等缺点，所以有的钢板浴缸加了保温层
铸铁浴缸	优点	铸铁浴缸使用寿命长、档次高、易清洗，由于缸壁厚，保温性能也很好。而且铸铁缸光泽度好，使用年限是浴缸中最长的。铸铁浴缸耐酸碱性、耐磨性均优于同类产品
	缺点	因其重量较大，所以搬运、安装都有难度。铸铁浴缸与亚克力和钢板浴缸相比价格要贵许多
亚克力浴缸	优点	亚克力浴缸市场占有率较大，亚克力材料表面为聚丙酸甲酯，背面采用树脂石膏加玻璃纤维构成。其优点在于容易成型、保温性能好、光泽度佳、重量轻、易安装和色彩变化丰富，同时亚克力浴缸造价较便宜
	缺点	相对陶瓷、搪瓷表面而言，这种材料的缺点是易挂脏、注水时噪声较大、耐高温能力差、不耐磨和表面易老化变色，即使是进口的亚克力缸也只是质量相对好一些，同样存在这些问题
木质浴桶	优点	木质浴桶的材质有楠木、柏木、橡木、杉木、松木等。楠木浴桶的综合性能最好，但市场上很少见到。松木、杉木浴桶容易受潮、发黑、发霉，综合性能较差。木质浴桶具有保温、环保、占地面积小、易清洗、寿命长、安装方便等优点
	缺点	长期干燥的情况下，容易开裂，所以如果长期不用，要在桶内放些水

续表

按摩浴缸	优点	按摩浴缸可以利用循环水进行水力按摩，但需要使用电力作为能源
	缺点	按摩浴缸除价格较高之外，不仅要求卫生间的面积要大，而且对于水压、电力和安装的要求都很高

浴缸的选购技巧

图 2-60　浴缸的选购技巧

（1）浴缸的大小要根据浴室的尺寸来确定，如果确定把浴缸安装在角落里，通常说来，三角形的浴缸要比长方形的浴缸多占空间。

（2）尺码相同的浴缸，其深度、宽度、长度和轮廓也并不一样，如果喜欢水深点的，溢出口的位置就要高一些。

（3）对于单面有裙边的浴缸，购买的时候要注意下水口、墙面的位置，还需注意裙边的方向，买错了就无法安装了。

（4）如果浴缸之上还要加淋浴喷头的话，浴缸就要选择稍宽一点的，淋浴位置下面的浴缸部分要平整，且需经过防滑处理。

（5）浴缸的选择还应考虑到人体的舒适度，也就是人体工程学。浴缸的尺寸要符合人的体形，包括以下几个方面：

第一，靠背要贴合腰部的曲线，倾斜角度要使人感到舒服；

第二，按摩浴缸按摩孔的位置要合理，头靠应使人头部受力舒适；

第三，双人浴缸的出水孔应使两人都能感觉舒服；

第四，浴缸内部的合理尺寸应该是人体背靠浴缸时，伸直腿的长度；

第五，浴缸的高度应该在人体大腿内侧的三分之二处最为合适。

在浴缸选购前要根据卫浴间的整体色调，来确定浴缸的颜色，使其与卫浴间的墙面、地面装修颜色相协调；一般来说，选择具有清洁感的冷色调为好！坐便器、洗面盆和浴缸的颜色、款式也要协调、配套，在同色调的搭配上，低彩度、高明亮度的色彩组合为佳，易于形成统一的整体。

浴缸龙头的特点

它装于浴缸一边上方，开放冷热混合水。可接冷热两根管道的称为双联式；除接冷热水两根管道外，还有阀体上接有淋浴喷头装置的称三联式。启闭水流的结构有螺旋升降式、金属球阀式、陶瓷阀芯式等。

目前市场上流行的是陶瓷阀芯式单柄浴缸龙头。它采用单柄调节水温，使用方便;陶瓷阀芯使水龙头更耐用，不漏水。浴缸龙头的阀体多采用黄铜制造，外表有镀铬，镀金及各式金属烘漆等。

淋浴房的种类与特点

淋浴房是目前市场上比较热销的产品。有进口和国产的分别。由于其价格适中、安装简单、功能齐备，又符合卫生间干湿分离的要求，所以很受业主的青睐。

表 2-29　淋浴房的种类与特点

按功能分	淋浴屏	淋浴屏是一种最简单的淋浴房，包括底盆（亚克力材质）和铝合金 + 玻璃围成的屏风，起到干湿分离的作用，用来保持空间的清洁

续表

按功能分	电脑蒸汽房	电脑蒸汽房一般由淋浴系统、蒸汽系统和理疗按摩系统组成。国产蒸汽房的淋浴系统一般都有顶花洒和底花洒，并增加了自洁功能；蒸汽系统主要是通过下部的独立蒸汽孔散发蒸汽，并可在药盒里放入药物享受药浴保健；理疗按摩系统则主要是通过淋浴房壁上的针刺按摩孔出水，利用水的压力对人体进行按摩
	整体淋浴房	整体淋浴房无论其功能还是价格，都介于淋浴屏和电脑蒸汽房之间。既能淋浴，又是全封闭；既能作电脑蒸汽房，又舍弃了电脑蒸汽房的多余功能
按形态分	立式角形淋浴房	从外形看有方形、弧形、钻石形；按结构分有推拉门、折叠门、转轴门等；以进入方式分有角向进入或单面进入式。角向进入式的最大特点是可以更好地利用有限的浴室面积，扩大使用率，是应用较多的款式
	一字形浴屏	有些房型宽度窄，或有浴缸位但业主并不愿用浴缸而选用淋浴屏时，多用一字形淋浴屏
	浴缸上浴屏	许多业主已安装了浴缸，但却又常常使用淋浴，为兼顾二者，也可在浴缸上制作浴屏，但费用很高，并不划算

淋浴房的选购技巧

图 2-61 淋浴房的选购技巧

（1）淋浴房的主材为钢化玻璃，钢化玻璃的品质差异较大，正品的钢化玻璃仔细看应有隐隐约约的花纹。

（2）淋浴房的骨架采用铝合金制作，表面作喷塑处理，不腐、不锈。主骨架铝合金厚度最好在 1.1mm 以上，这样门才不易变形。

（3）轴承是否灵活，门的启合是否方便轻巧，框架组合是否用的是不锈钢螺钉。

（4）材质分玻璃纤维、亚克力、金刚石三种，其中以金刚石牢度最好，污垢清洗方便。

（5）一定要购买标有详细生产厂名、厂址和商品合格证的产品，同时比较售后服务，并索取保修卡。

淋浴龙头的特点

它安装于淋浴房上方，用于开放冷热混合水。其阀体多用黄铜制造，外表有镀铬、镀金等。启闭水流的方式有螺杆升降式、陶瓷阀芯式等。

卫浴挂件就是指安装在卫生间、浴室墙壁上，用于放置或挂晾清洁用品、毛巾衣物的配件。挂件在高温潮湿的环境中，对材质和制作工艺要求非常高，因此在选购时需要注意以下五个方面。

（1）看配套：要与卫浴洁具格调相搭配，包括龙头这些地方的镀层效果。

（2）看材质：卫浴挂件以钛合金产品最为高档，其次依次为铜铬产品、不锈钢镀铬产品、铝合金镀铬产品、铁质镀铬产品、塑质产品。

（3）看镀层：表面光滑、镜面、均匀无毛糙的才是质量较好的产品。

（4）看风格：一定要与卫浴间的整体风格相搭配。

（5）看实用性：挂件多了不仅浪费而且显乱，挂件少了不够用，主要得根据空间大小和自己的生活习惯来考虑安装几个挂件。

浴霸的种类与特点

浴霸是通过特制的防水红外线灯和换气扇的巧妙组合将浴室的取暖、红外线理疗、浴室换气、日常照明、装饰等多种功能结合于一体的浴用小家电产品。

表 2-30 目前市场上销售的浴霸类型

四合一循环加热浴霸	是集取暖、照明、换气、吹风于一体，加热功率随室温变化，热效率高。在使用过程中，室内空气形成对流，循环加热。该机强劲的抽风功能，能快速排除浴室的雾气、浊气
负离子净化功能浴霸	在取暖的过程中，还能起到净化室内空气的作用。这是一种集风暖、灯暖、照明、换气、吹风、负离子多功能为一体的浴霸，它采用针式电阻丝为热源，加热快。内置负离子发生器，通过电离作用，可对浴室的空气进行有效净化，利于身体健康
三合一经济实惠型浴霸	集取暖、照明、换气于一体，一般为两灯或三灯、价格低廉且比较实用，取暖换气效果理想。另外，该种浴霸有最新的双重保护功能，使用更安全
智能全自动五合一浴霸	集取暖、照明、换气、吹风、导风于一体，内置电过热保护器，达到一定的热量便可自动关机。这种浴霸采用国内首创的双超薄设计，面板的厚度、箱体厚度比一般浴霸降低了 40%，美观大方
红外线宽频辐射浴霸	采用特殊处理的红外线发射元件，能发射出宽频谱的红外线辐射，可迅速激活人体细胞，浴后爽洁舒适。这种浴霸采用特制的四盏宽频谱硬质石英红外线取暖灯，无需预热，只要按动强、弱两挡控制开关，瞬间可使浴室温度达 25℃，还带有防水遥控器，可随意调温度

浴霸的选购技巧

图 2-62 浴霸的选购技巧

（1）选择安全高质量取暖灯的浴霸。取暖灯泡即红外线石英辐射灯，选购时一定要注意其是否有足够的安全性，要严格防水、防爆；灯头应采用双螺纹以杜绝脱落现象。

由于成本的原因，国内有些厂家的灯泡防爆性能差，热效率低，而一些优质的品牌则采用了石英硬质玻璃，热效率高、省电，并经过严格的防爆和使用寿命的测试。此外，应尽量挑选取暖灯泡外有防护网的产品。

（2）浴霸面罩的表面应光洁、耐高温、阻燃等级高。一些大品牌厂家采用了国外著名公司的塑材，可以耐200℃的高温，阻燃等级为2s。这是一般使用PPO、ABS塑材的产品所不能相比的。

（3）选购时应检查是否有国家对家电产品要求统一达到产品质量的3C认证标志，获得认证的产品机体或包装上应有“CCC”认证字样。

（4）选择售后服务有保障的产品，一般保修1 ~ 3年或终身维修。

热水器的种类与特点

目前市场上所销售的热水器可分为四大类：燃气热水器、电热水器、空气能热水器和太阳能热水器。其中燃气热水器又分为人工煤气热水器、天然气热水器和液化石油气热水器；电热水器又分为贮水式电热水器和即热式电热水器。

表2-31 热水器的种类与特点

燃气热水器	优点是价格低、加热快、出水量大、温度稳定，缺点是必须分室安装，不易调温，需定期除垢，在使用中易产生有害气体。所使用的能源是可燃气体，分直排式、烟道式、强排式和平衡式。直排式热水器在使用时如果通风不畅，极易造成人身伤害，故已被国家明令禁止生产和使用
贮水式电热水器	贮水式电热水器的关键是看内胆，内胆的材料与厚度、焊接工艺决定其寿命。不锈钢内胆虽然耐腐蚀，但难焊接，寿命短（一般为2年），目前基本被淘汰；搪瓷内胆和钛金内胆技术含量较高，被专业热水器厂家普遍采用

续表

即热式电热水器	优点是方便、省时、不占空间、安全、最大限度地减少了热损耗；缺点是价格贵，对电表、电线的要求较高，其功率最低4.5kW，一般在8～9kW左右，电力消耗巨大。最低配置需要有至少30A的电表、$4mm^2$截面的铜线
空气能热水器	又称热泵热水器，也称空气源热水器，是采用制冷原理从空气中吸收热量来制造热水的“热量搬运”装置。空气能热水器主要向空气要热能，具有太阳能热水器节能、环保、安全的优点，又解决了太阳能热水器依靠阳光采热和安装不便的问题。由于空气能热水器通过介质交换热量进行加热，不需要电加热元件与水接触，没有电热水器漏电的危险，也消除了燃气热水器中毒和爆炸的隐患，更没有燃油热水器排放废气造成的空气污染
太阳能热水器	太阳能热水器是靠汇聚太阳光的能量把冷水加热成热水的装置，其中技术水平最高的是真空集热管太阳能热水器。真空管里的水，利用热水上浮、冷水下沉的原理，吸收太阳热能后，通过温差循环，使储水箱内的水升温；其不足之处是受外部环境影响较大，直接受白天黑夜、季节、气候、地理环境、地域位置的影响。但和其他两种热水器相比，太阳能热水器是最经济实惠的

热水器的选购技巧

由于装修时电路、水路的设计需要为热水器预留空间，因此热水器的种类、大小、安装位置、管路方向等最好提前确定。不同类别、不同规格的热水器性能也有所不同。

目前，安全、环保、节能、方便等是业主选择热水器的主要因素。所以选购热水器不能只看品牌，还应根据居室面积、家庭人口及实际生活需要而定。

排风扇的安装

在卫浴间中排风扇的使用十分普及，其主要功能是排走室内的湿气和气味，令空气清新通畅。但是，即使是装了排风扇，仍然会看到不少房屋的浴室发霉，严重者顶棚会发黑或油漆剥落，究其原因，主要是排风扇的选择、安装或保养不当所致。

（1）要想将排风扇的功能得以充分地发挥，首先在选择排风扇时要配合空间的大小。排风扇以每分钟排出空气的体积进行分级，只需将使用空间的长度乘以宽度再乘以 1.7，即可找出所需排风扇的级数。

（2）排风扇发出的噪声大小，同样是值得重视的。所以在选择排风扇时，还要留意其响度等级，等级越低的排风扇越好，但通常小于三级的都可以接受。

（3）在安装排风扇时，排气管道要采用最短最直的途径以增强排气的功效。将排风扇直接安装在顶棚上，排气管道直向上通至屋顶外，将室内的湿气和气味直接排出室外，这种方式的排气效果最为理想。有些排风扇安装在墙上，虽然可直接将湿气排出屋外，但由于湿暖空气向上升的缘故，其功效比不上安装在顶棚上的排风扇。所以，在条件允许时，应尽量将排风扇安装在顶棚上。

> 排风扇宜安装在最需要的地方，在距离有需要的地方（如淋浴位置 1m 以内）最为有效。对于大型的浴室，最好安装两个排风扇，一个装在接近淋浴的地方，另一个可装在坐便器的附近。

十二、五金件与开关面板

五金件的特点与选购

装修用五金件涵盖范围广阔，主要包括家具五金、锁具五金、门窗五金、水暖五金、卫浴五金、灯饰五金、厨房五金、电器配件五金等众多种类。在目前的家庭装修中人们对五金件的选择主要集中在款式上，总觉得漂亮就好，但在实际应用中，业主往往忽略了五金件使用的重要性。即使一些主要材料选用得质量非常好，如果没有好的五金件与之配合，同样也会影响到家具和门窗的功能性，严重的还会大大缩短其使用寿命，反而因为小的部件影响到了大的功能。

在选购五金件时，首先一定要考虑质量问题，不要因为看上自己喜欢的款式或价格便宜而忽略质量；看起来差不多一样的五金件，价差却非常大，这是很正常的事情。

卫浴五金件看似很小，但是在卫浴间的装修中有着举足轻重的作用，毕竟卫浴间的环境又潮又湿，因此一定要买质量好的产品。

一般来说，比较全面的卫浴五金件包括：洗面池龙头，洗衣机龙头，延时龙头，花洒，皂碟架、皂蝶，单杯架、单杯，双杯架、双杯，纸巾架，厕刷托架、厕刷，单杆毛巾架、双杆毛巾架，单层置物架，多层置物架，浴巾架，美容镜，挂镜，皂液器，干手器等。

门锁的种类与特点

门锁可能是机械的，也可能是电动的，电动的需要电能。随着社会的不断发展，各项产品的功能越来越具体化。门锁也不再是以往单一的挂锁和撞锁了，每种锁具都有着各自不同的使用功能。按其功能可分为外装门锁防盗锁、房门锁、过道锁、浴室锁等。

目前市场上所销售的门锁品种繁多，其颜色、材质、功能都各有不同。常用种类有外装门锁、球形锁、执手锁、抽屉锁、玻璃橱窗锁、电子锁、防盗锁、浴室锁、指纹门锁等，其中以球形锁和执手锁的式样最多。

门锁的选购技巧

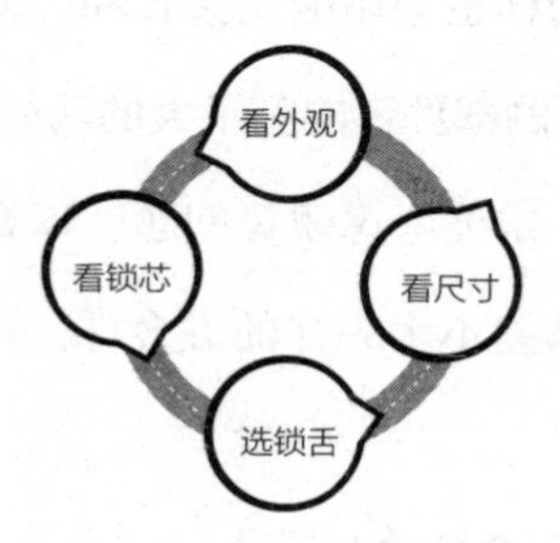

图 2-63　门锁的选购技巧

（1）选择有质量保证的生产厂家生产的锁，同时看门锁的锁体表面是否光洁，有无影响美观的缺陷。

（2）注意选购和门同样开启方向的锁。同时将钥匙插入锁芯孔开启门锁，看是否畅顺、灵活。

（3）注意家门边框的宽窄，球形锁和执手锁能安装的门边框不能小于 90cm。同时旋转门锁执手、旋钮，看其开启是否灵活。

（4）一般门锁适用门厚 35 ~ 45mm，但有些门锁可延长至 50mm。同时查看门锁的锁舌伸出的长度不能过短。

部分执手锁有左右手之分，由门外侧面对门，门铰链在右手处，即为右手门，在左手处，即为左手门。

拉手的种类与特点

拉手是拉或操纵“开、关、吊、提”的用具。拉手是富有变化的，颜色形状各式各样，目前以直线形的简约风格、粗犷的欧洲风格的铝材拉手比较畅销，长短从 35 ~ 420mm 都有，甚至更长。有的拉手还做成卡通动物模样。近年来，又新推出了水晶拉手、铸铜钛金拉手、镶钻镶石拉手等。目前市场上拉手的进口品牌主要是德国和意大利的。

> 现在的拉手已经摆脱了过去单纯的不锈钢色，黑色、古铜色、光铬等，目前拉手的材料有锌合金拉手、铜拉手、铁拉手、铝拉手、原木拉手、陶瓷拉手、塑胶拉手、水晶拉手、不锈钢拉手、亚克力拉手、大理石拉手等。

拉手的选购技巧

拉手在选购时主要是看外观是否有缺陷、电镀光泽如何、手感是否光滑等；要根据自己喜欢的颜色和款式，配合家具的式样和颜色，选一些款式新颖、颜色搭配流行的拉手。此外，拉手还应能承受较大的拉力。

合页的种类与特点

合页的种类很多，针对于门的不同材质、不同开启方法、不同尺寸等会有相对应的合页。合页选择的正确与否决定了这扇门能否正常地使用，合页的大小、宽窄与使用数量的多少与门的重量、材质、门板的宽窄程度有着密切的关系。

表 2-32　合页的种类与特点

普通合页	合页一边固定在框架上，另一边固定在门扇上，是目前应用最多的一种合页
轻型合页	特点与普通合页一样，但合页板比普通合页薄而窄些，主要考虑到一些轻型的门窗或家具用普通合页会产生浪费而开发的产品
抽芯合页	抽芯合页的轴心销子可以随意抽出。抽出后，门板或窗扇可以取下，但合页板仍保留在门板或窗扇上，便于擦洗或翻新

续表

方合页	特点与普通合页一样，但合页板比普通合页宽而厚些。原因是一些重型的门窗或家具用普通合页会因受力不足造成损坏，而方合页正好可以避免这一情况的发生
H 形合页	H 形合页属于抽芯合页的一种，松开其中一片合页板可以直接取下，但使用起来不如抽芯合页方便
T 形合页	结构结实，受力大，适用于较宽较重的门板或窗扇
无声合页	无声合页又称尼龙垫圈合页，门窗开关时，合页本身不发出声音，属于绿色环保一类的合页产品
多功能合页	当开启角度小于 75° 时，具有自动关闭功能，在 75° ~ 90° 角位置时，自行稳定，大于 95° 的则自动定位
扇形合页	扇形合页的两个页板叠加起来的厚度比一般合页板的厚度薄一半左右，适用于任何需要转动启闭的门窗上
烟斗合页	烟斗合页又叫弹簧铰链，分为脱卸式和非脱卸式两种，它的特点是可根据空间，配合柜门开启角度。主要用于家具门板的连接，材质有镀锌铁、锌合金等。挑选铰链除了目测、用手感觉铰链表面平整顺滑外，应注意铰链弹簧的复位性能要好，可将铰链打开 95°，用手将铰链两边用力按压，观察支撑弹簧片不变形、不折断，十分坚固的为质量合格的产品。
其他合页	有纱门弹簧合页、轴承合页（铜质）、斜面脱卸合页、单旗合页、翻窗合页、防盗合页、弹簧合页、玻璃合页、台面合页、升降合页、液压气动支撑臂、不锈钢滑撑铰链等

合页的选购技巧

目前普通合页的材料主要为全铜和不锈钢两种。单片合页面积标准为 100mm × 30mm 和 100mm × 40mm，中轴直径在 11 ~ 13mm 之间，合页板厚为 2.5 ~ 3mm，选合页时为了开启轻松且噪声小，应选合页中轴内含滚珠轴承的为佳。

门吸的种类与选购

门吸是安装在门后面的一种小五金件。在门打开以后，通过门吸的磁性稳定住，防止门被风吹后会自动关闭，同时也防止在开门时用力过大而损坏墙体。

常用的门吸又叫做“墙吸”。目前市场还流行的一种门吸，称为“地吸”，其平时与地面处于同一个平面，打扫起来很方便；当关门的时候，门上的部分带有磁铁，会把地吸上的铁片吸起来，及时阻止门撞到墙上。

在选购门吸时，主要检查其坚固程度，最好选择那些市面上较为知名的产品，防止使用久了发生脆断。

滑轨道的种类与选购

滑轨道是使用优质铝合金或不锈钢等材料制作而成的。按功能一般分为抽屉轨道、推拉门轨道、窗帘轨道、玻璃滑轮等。如抽屉滑轨由动轨和定轨组成，分别安装在抽斗与柜体内侧两处。

新型滚珠抽屉导轨分为二节轨、三节轨两种，选择时应注意外表油漆和电镀的光亮度，承重轮的间隙和强度决定了抽屉开合的灵活和噪声，应挑选耐磨及转动均匀的承重轮。

开关插座的选购技巧

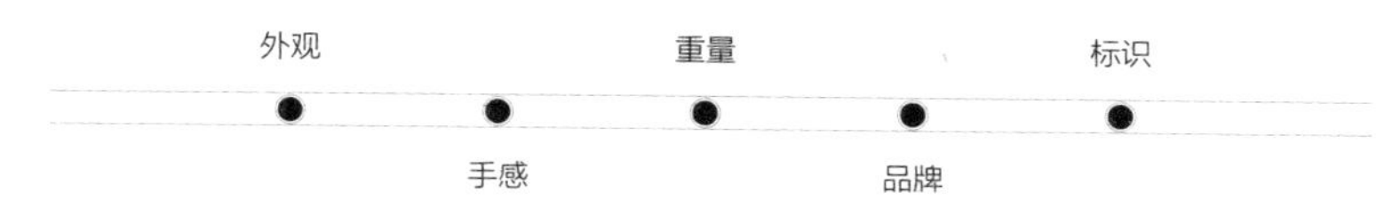

图 2–64　开关插座的选购技巧

（1）外观。开关的款式、颜色应该与室内的整体风格相吻合。

（2）手感。品质好的开关大多使用防弹胶等高级材料制成，防火性能、防潮性能、防撞击性能等都较高，表面光滑。好的开关插座的面板要求无气泡、无划痕、无污迹。开关拨动的手感轻巧而不紧涩，插座的插孔需装有保护门，插头插拔应需要一定的力度并单脚也无法插入。

（3）重量。铜片是开关插座最重要的部分，应具有相当的重量。在购买时可掂量一下单个开关插座，如果是合金的或者薄的铜片，手感较轻，那么品质就很难保证。

（4）品牌。开关的质量不仅关乎电器的正常使用，甚至还影响着生活、工作的安全。低档的开关插座使用时间短，需经常更换。而知名品牌会向业主进行有效承诺，如“质保 12 年”、“可连续开关 10000 次”等，所以建议业主购买知名品牌的开关插座。

（5）注意开关、插座的底座上的标识。如国家强制性产品认证（CCC）、额定电流电压值；产品生产型号、日期等。

十三、灯具

吊灯的种类与特点

所有垂吊下来的灯具都归入吊灯类别。吊灯无论是以电线或以铁支垂吊，都不能吊得太矮，否则会阻碍人正常的视线或令人觉得刺眼。

表 2-33　吊灯的种类与特点

按头数	1. 单头，多用于卧室、餐厅，灯罩口朝下，就餐时灯光直接照射于餐桌上，给用餐者带来清晰明亮的视野 2. 多头，适宜装在客厅或大空间的房间里

续表

按外形结构	分为枝形、花形、圆形、方形、宫灯式、悬垂式等
按构件材质	有金属构件和塑料构件之分
按灯泡性质	可分为白炽灯、荧光灯、小功率蜡烛灯
按大小体积	可分为大型、中型、小型

吊灯的花样最多，常用的有欧式烛台吊灯、中式吊灯、水晶吊灯、羊皮纸吊灯、时尚吊灯、锥形罩花灯、尖扁罩花灯、束腰罩花灯、五叉圆球吊灯、玉兰罩花灯、橄榄吊灯等。使用吊灯时应注意其上部空间也要有一定的亮度，以缩小上下空间的亮度差别。否则，会使房间显得有些阴森。

吊灯的大小及灯头数的多少都与房间的大小有关。吊灯一般离顶面500 ~ 1000mm，光源中心距离顶面以750mm为宜，也可根据具体需要或高或低。如层高低于2.6m的居室不宜采用华丽的多头吊灯，不然会给人以沉重、压抑之感，空间也会变得拥挤不堪。

吊灯的选购技巧

一般来讲，吊灯悬挂的高度、灯罩、灯球的材质与形式均需小心选择，以免造成令人不舒服的眩光。吊灯的高度要合适，一般离桌面大约55 ~ 60cm，而且应选用可随意上升、下降装置的灯具，以便利于调整与选择高度。

落地灯的种类与选购

在选购落地灯时，首先要对市场中落地灯的种类做到心中有数。根据落地灯的种类不同，在选购时也有不同的侧重点。

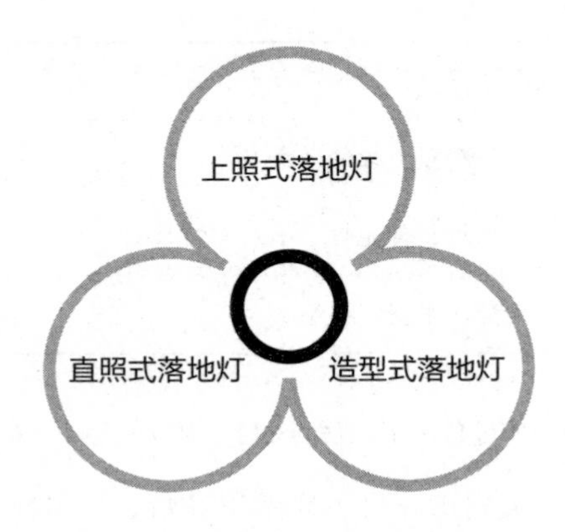

图 2-65　落地灯的种类

（1）购买上照式落地灯时，要考虑天花的高度等因素，如果天花板过低，光线就只能集中在局部区域，会使人感到光线过亮不够柔和。同时，使用上照式落地灯，家中天花板最好为白色或浅色，天花板的材料最好有一定的反光效果。

（2）购买直照式落地灯时，灯罩下沿最好比眼睛低，这样才不会因灯泡的照射使眼睛感到不适。此外，室内光线对比太大会增加眼睛负荷，尽量选择可以调光的落地灯。使用时，由于直照式灯光线集中，最好避免在阅读位置附近有镜子及玻璃制品，以免反光造成不适。

（3）造型式落地灯可以说不是用来照明的，它在家居中更像是环境里的一件装饰品。选购这类落地灯，最重要的是考虑它和家居整体风格的一致性。

吸顶灯的种类与特点

安装在房间内部，由于灯具上部较平，所以紧靠屋顶安装，像是吸附在屋顶上，所以称为吸顶灯。吸顶灯适于在层高较低的空间中安装，光源即灯泡以白炽灯和日光灯为主。

以白炽灯为光源的吸顶灯，大多采用乳白色塑料罩、亚克力罩或玻璃罩；以日光灯为光源的吸顶灯多用有机玻璃，金属格片为罩。形状有圆形、方形和椭圆形之分。

其中直径在 200mm 左右的吸顶灯适宜在过道、卫浴、厨房内使用；直径在 400mm 以上的吸顶灯则可在面积较大的房间中使用。

吸顶灯的选购技巧

图 2-66　吸顶灯的选购技巧

（1）看面罩。目前市场上吸顶灯的面罩多是塑料罩、亚克力罩和玻璃罩。其中最好的是亚克力罩，其特点是柔软，轻便，透光性好，不易被染色，不会与光和热发生化学反应而变黄，而且它的透光性可以达到 90% 以上。

（2）看光源。有些厂家为了降低成本，而把灯的色温做高，给人错觉以为灯光很亮，但实际上这种亮会给人的眼睛带来伤害，引起疲劳，从而降低视力。好的光源在间距 1m 的范围内看书，字迹清晰，如果字迹模糊，则说明此光源为“假亮”，是故意提高色温的次品。

（3）看镇流器。所有的吸顶灯都是要有镇流器才能点亮的，镇流器能为光源带来瞬间的启动电压和工作时的稳定电压。镇流器的好坏，直接决定了吸顶灯的寿命和光效。

筒灯的种类与特点

筒灯属于点光源嵌入式直射光照方式，一般是将灯具按一定方式嵌入吊顶，并配合室内空间共同组成所要的各种造型，使之成为一个完整的艺术图案。如果吊顶照度要求较高，也可以采用半嵌入式灯具，或者横插式、明装式等。其中明装式筒灯的随意性很强，可根据照明的需要来进行设计，吊顶、背景墙、床头、玄关等都可以使用明装式筒灯来装饰。

筒灯的最大特点就是能保持建筑装饰的整体统一与完美，不会因为灯具的设置而破坏吊顶艺术的完美统一。这种嵌装于顶面内部的隐置性灯具，所有光线都向下投射，属于直接配光，可以用不同的反射器、镜片、百叶窗、灯泡，来取得不同的光线效果。筒灯不占据空间，可增加空间的柔和气氛。如果想营造温馨的感觉，可试着装设多盏筒灯，以减轻空间压迫感。

筒灯的选购技巧

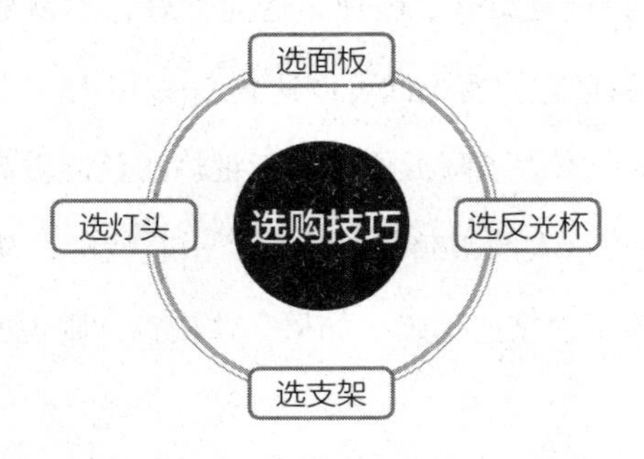

图 2-67　筒灯的选购技巧

（1）面板的材质一般有以下几种：铁皮、压铸铝、铝材、不锈钢。家庭装修一般选用压铸铝、铝材或者不锈钢。压铸铝筒灯的颜色以扫砂镍为主，铝材筒灯的颜色要多样化些，主要有砂金、砂银、砂黑三种颜色，而不锈钢主要是本色。面板的厚度很重要，这是决定一个筒灯的价格关键因素。

（2）筒灯灯头是比较重要的一个环节，灯头的主要材质是陶瓷。里面的簧片是最重要的，有铜片和铝片两种，质量好的采用的是铝片来做，并在接触点下安装有弹簧，可以加强接触性。另外就是灯头的电源线，好的品牌是采用三线接线灯头（三线即火线、灵线、接地线），有的会带上接线端子，这个也是区分质量高低的一个很基本的方法。

（3）反光杯一般有砂杯和光杯两种，材料为铝材，铝材不会变色，而且反光度要好些。有的小厂家会用塑料喷塑来做，这种工艺新买的时候看起来很好，但过段时间就会变暗，甚至发黑。鉴别方法就是看切割处的齐整度，铝材的切割很整齐，喷塑则相反。

（4）支架的重要性相对要差些，一般是黑色烤漆支架，这个主要看厚度，用点力捏一下，不会出现很严重的变形即可。

射灯的种类与特点

射灯其光线方向性强、光色好、色温一般在 2950K。射灯所创造出的独特环境气氛，深得人们尤其是年轻人的青睐，成为装饰材料中的“新潮一族”。

射灯既能做主体照明，又能做辅助光源，它的光线极具可塑性，可安置在顶面四周或家具上部，也可置于墙内、踢脚线里，直接将光线照射在需要强调的物体上，可起到突出重点、丰富层次的效果。

射灯本身的造型也大多简洁、新潮、现代感强。一般配有各种不同的灯架，可进行高低、左右调节、可独立、可组合，灯头可做不同角度的旋转，可根据工作面的不同位置，任意调节，小巧玲珑，使用方便。其亮度非常高，显色性优，控制配光非常容易，点光、阴影和材质感的表现力非常强。

图 2-68　射灯的种类

（1）石英射灯由灯架、变压器、灯杯三部分组成；格栅射灯有嵌入式、明装式、吊袋式等几种，灯座形式以单头和双头用得较多。

（2）格栅射灯一般在电视墙、过道和客厅全吊顶的时候采用。

（3）座式射灯用得不是很多，一般是客厅没有吊顶的情况下放在电视墙上面，还有就是有些放装饰画的地方可以采用，分为轨道和座式两种安装方式。

表 2-34　射灯的优缺点

优点	1. 安全性好：固态光源、无充气、无玻壳 2. 寿命长：5 ~ 8 万小时 3. 功率小光效高：一般在 3W 以下的功率，光电转换效率高 4. 色彩丰富：颜色多种。可满足各种色彩照明 5. 高尖端：第三代光源革命，科技含量高，灵活多变，驱动调控方便 6. 体积小重量轻：发光二极管是一种微型光源 7. 利于环保：废弃器件没有重金属污染，利于环境
缺点	1. 过多安装射灯，就会形成光的污染，很难达到理想效果 2. 过多安置射灯，很容易造成安全隐患，这些射灯看似瓦数小，但它们在小小的灯具上能积聚很大的热量，短时间内就可产生高温，时间一长容易引发火灾

射灯的选购技巧

变压器和灯杯是射灯最重要的部件，所以选购的重点要放在变压器和灯杯上。优质变压器和灯杯搭配出来的亮度和效果要比普通的好很多。

（1）要拆开变压器的外壳看里面电路板和线圈的大小，电路板大则元件的排列要稀一些，散热性较强。线圈的大小则决定了射灯的亮度和寿命，所以线圈的大小最重要。

（2）灯杯的选购主要就是看灯丝，优质灯杯采用的是竖式结构，普通灯杯采用的是横式结构，另外就是灯杯的聚光性，因为射灯是作定向照明，所以聚光性很重要。这个可以通过两个灯杯来做对比。

壁灯的种类与特点

壁灯是室内装饰灯具，一般多配用乳白色的玻璃灯罩。灯泡功率多在15 ~ 40W左右，光线淡雅和谐，可把环境点缀得优雅、富丽，尤以新婚居室特别适合。

壁灯的种类和样式较多，一般常见的有吸顶式、变色壁灯、床头壁灯、镜前壁灯等。在现代壁灯设计中，由于壁灯特有的形态以及功能，使得其造型夸张、花样繁多、美感十足。

壁灯安装的位置应略高于站立时人眼的高度。其照明度不宜过大，这样更富有艺术感染力。可在吊灯、吸顶灯为主体照明的居室内作为辅助照明、交替使用，既节省电又可调节室内气氛。

壁灯的选购技巧

选壁灯主要看结构、造型，一般机械成型的较便宜，手工的较贵。

铁艺锻打壁灯、全铜壁灯、羊皮壁灯等都属于中高档壁灯，其中铁艺锻打壁灯销量最好。

水晶灯的特点与选购技巧

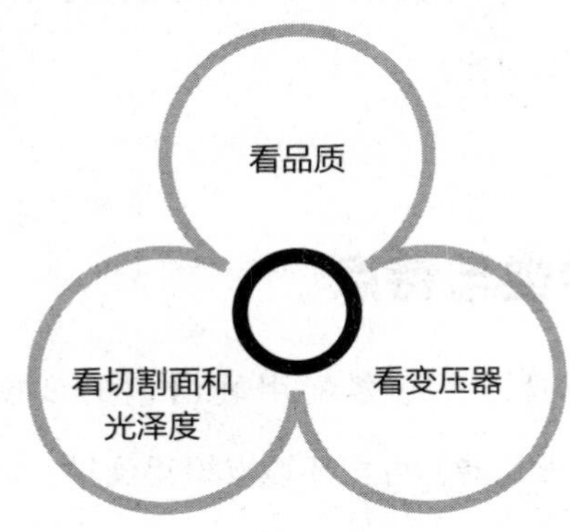

图 2–69　水晶灯选购技巧

（1）水晶灯的价值很大程度上由水晶决定，因此需要关注水晶的品质。在选购时可观察水晶的透明度或者查看有关含铅量的数据。氧化铅的含量在 0% 以上的才能确保水晶的透明度；触摸切面表面和切面的棱角部分；查看有无气泡等杂质。

（2）观察水晶的切割面和光泽度。水晶的切割手法关系到水晶的制作工艺和水晶立面对于光源的折射。做工精细的水晶，棱角分明、切割面光滑，如果切割面有一定厚度，切割线一定要笔直、均匀，不产生突兀感；劣质水晶表面发乌、不反光，而好的水晶在光源下无论从任何角度观察，都能绽放美丽的光彩。

（3）此外还要留意灯具所配备的变压器。有的水晶灯属于低压灯，灯体自带变压器，其性能稳定与否直接决定灯具的使用时间。

> 千万别以为水晶灯就是水晶制作的。目前市场上出售的水晶灯都是仿水晶，即人造水晶制作的。由于天然水晶往往含有横纹、絮状物等天然瑕疵，并且资源有限，所以市场上销售的水晶灯都是使用人造水晶或者工艺水晶制作而成的。

节能灯的特点

节能灯的正式名称是稀土三基色紧凑型荧光灯，这种光源在达到同样光能输出的前提下，只需耗费普通白炽灯用电量的 1/5 ～ 1/4，从而可以节约大量的照明电能和费用，因此被称为节能灯，是目前国家大力推广使用的灯具。

节能灯的选购技巧

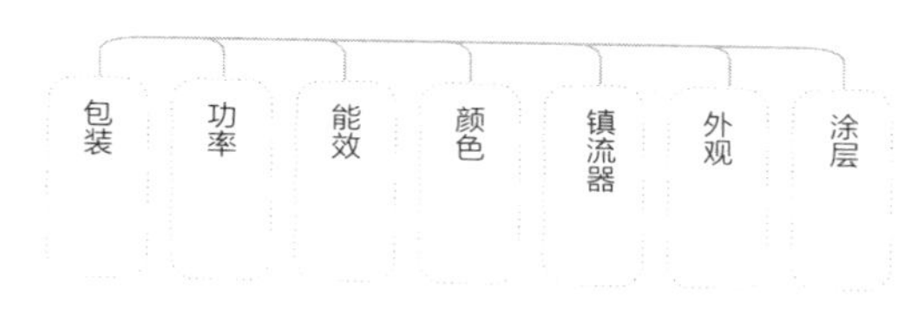

图 2–70　节能灯的选购技巧

（1）买节能灯要首选知名品牌，购买时要确认产品包装完整，标志齐全。

（2）要注意钨丝灯泡功率，一般厂商会在包装上列出产品本身的功率及对照的光度相类似的钨丝灯泡功率。比如“15W → 75W”的标志，一般指灯的实际功率为 15W，可发出与一个 75W 钨丝灯泡相类似的光度。

（3）能效标签。国家目前对节能灯具已出台能效标准，能效标签是平均寿命超过 8000h 以上的节能灯产品才可以获得的。

（4）高品质节能灯的暖光设计和高超的显色技术，让光色悦目舒适。业主可按个人喜好，选择与家居设计相匹配的灯光颜色。

（5）要考虑电子镇流器的技术参数。镇流器是照明产品中的核心组件，国家标准规定了镇流器的能效限定值和节能评价值。

（6）外观的选择。灯具装饰的花样繁多，在选择整灯时，应注意一下塑料壳，最好是耐高温阻燃的塑壳。

（7）灯管在通电后，还应该注意一下，荧光粉涂层厚薄是否均匀，这会直接影响灯光效果。

第三部分
辅 材 篇

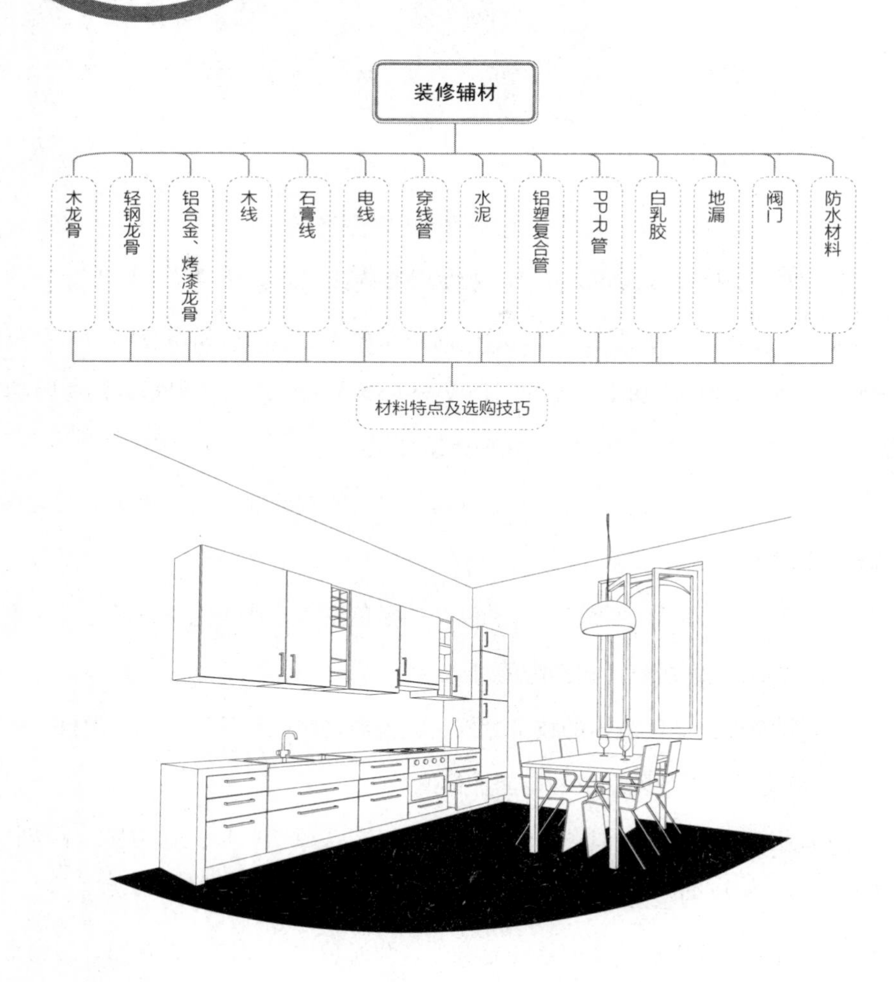

装修辅材
木龙骨
轻钢龙骨
铝合金、烤漆龙骨
木线
石膏线
电线
穿线管
水泥
铝塑复合管
PPR管
白乳胶
地漏
阀门
防水材料
材料特点及选购技巧

木龙骨的特点

木龙骨架又称为木方，主要由白松、椴木、红松、杉木等树木加工成截面为长方形或方形的木条，也有用木板现做的。近年来又出现一种以农作物棉秆为原料的合成木龙骨，它既有木制木龙骨的强度和韧性，又对人体无毒副作用。具有防虫、防蛀、防水、防燃等特点，同时具备了天然木质材料和合成材料的双重优点。

传统的木龙骨多以天然松木为原料，目前 $1m^3$ 的含水率多为15%左右，且遇水易翘曲；而合成木龙骨 $1m^3$ 含水率低于12%，遇水不易翘曲，强度高，与传统木龙骨相比，占有一定的优势。但目前这种合成龙骨的普及率还远远不如传统龙骨，原因是它属于新开发产品，生产厂家少，质量难以保证。

一般来讲，根据使用部位不同而采用不同尺寸的截面，一般用于吊顶、隔墙的主龙骨截面尺寸为50mm×70mm或60mm×60mm；而次龙骨截面尺寸为40mm×60mm或50mm×50mm；用于轻质扣板吊顶和实木地板铺设的龙骨截面尺寸为30mm×40mm或25mm×30mm等。

随着“绿色环保”设计理念的深入，近几年木龙骨市场中又出现了一种科技含量较高的龙骨材料，称为防腐木龙骨。防腐木龙骨经过国外专业木材防腐剂和特殊工艺处理后，具有防真菌、抗白蚁、抗蠹虫、防霉变，抗水生（淡水、海水）寄生虫的寄宿等特点，依据防腐处理等级的高低，使用寿命在30～50年左右；并且防腐木龙骨都经过二次干燥，使药剂完全渗透在木材纤维中，让其结构更加稳定牢固，从而避免防腐木龙骨在使用过程中发生变化；其使用的防腐剂经过真空加压后均匀稳定地渗透在木纤维中，在自然界使用过程中药剂不溶于水，不会流失。经过特殊工艺处理后的龙骨表面干净，也不会污染衣物和其他物品，对人、动物和植物都很安全，且不污染环境，环保安全。

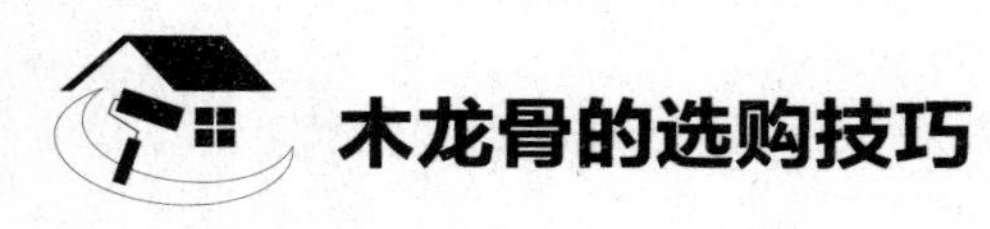

木龙骨的选购技巧

在选购木龙骨时，要尽量选择加工结束时间长一些的，而且没有被露天存放的，因为这样的龙骨比近期加工完的，含水率相对会低一些，同时变形、翘曲的概率也少一些。通常情况下，多选用杉木作基层木龙骨，因为它的木质略带清香，纹理较密，弹性好，不易腐烂，耐得住螺钉、圆钉，钉而不裂。在选择杉木龙骨时要注意以下几点。

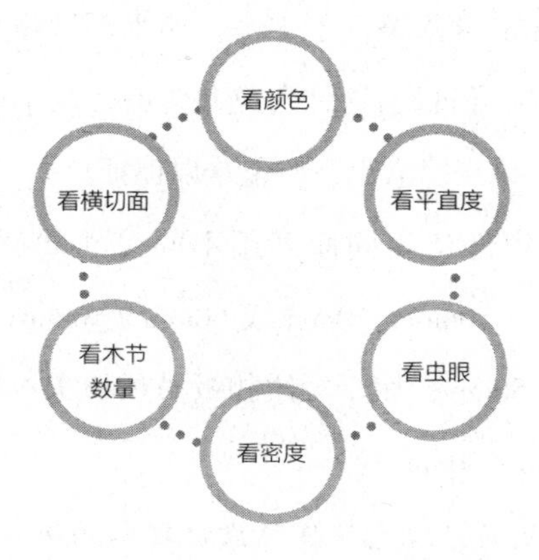

图 3-1　木龙骨的选购技巧

（1）新鲜的木方略带红色，纹理清晰，如果其色彩呈暗黄色，无光泽说明是朽木。

（2）看所选木方横切面大小的规格是否符合要求，头尾是否光滑均匀，不能大小不一。

（3）看木方是否平直，如果有弯曲也只能是顺弯，不许呈波浪弯。否则使用后容易引起结构变形、翘曲。

（4）要选木节较少、较小的杉木方，如果木结大而且多，钉子、螺钉在木节处会拧不进去或者钉断木方。会导致结构不牢固，而且容易从木节处断裂。

（5）要选没有树皮、虫眼的木方，树皮是寄生虫栖身之地，有树皮的木方易生蛀虫，有虫眼的也不能用。如果这类木方用在装修中，蛀虫会吃掉所有能吃的木质。

（6）要选密度大的木方，用手拿有沉重感，用手指甲划不会有明显的痕迹，用手压木方有弹性，弯曲后容易复原，不会断裂。

轻钢龙骨的特点

轻钢龙骨是用镀锌钢带或薄钢板轧制经冷弯或冲压而成的。它具有强度高、耐火性好、安装简易、实用性强等优点。

轻钢龙骨基本分为吊顶龙骨和墙体龙骨两大类。

（1）吊顶龙骨由承载龙骨（主龙骨）、覆面龙骨（辅龙骨）及各种配件组成。

主龙骨分为38、50和60三个系列，38系列用于吊点间距900 ~ 1200mm的不上人吊顶，50系列用于吊点间距900 ~ 1200mm的上人吊顶，60系列用于吊点间距1500mm的上人加重吊顶。

辅龙骨分为50、60两种，它与主龙骨配合使用。

（2）墙体龙骨由横龙骨、竖龙骨及横撑龙骨和各种配件组成。有50、75、100和150四个系列。

轻钢龙骨的选购技巧

在选购轻钢龙骨时，应注意以下几点。

图3-2 轻钢龙骨的选购技巧

（1）轻钢龙骨外形要笔直平整，棱角清晰没有破损或凹凸等瑕疵，在切口处不允许有毛刺和变形而影响使用。

（2）轻钢龙骨外表的镀锌层不允许有起皮、起瘤、脱落等质量缺陷。

（3）优等品不允许有腐蚀、损伤、黑斑、麻点；一等品或合格品要求没有较严重的腐蚀、损伤、黑斑、麻点，且面积不大于 $1cm^2$ 的黑斑每米内不多于三处。

（4）家庭吊顶轻钢龙骨主龙骨采用 50 系列完全够用，其镀锌板材的壁厚不应小于 1mm。不要轻易相信商家规格大，质量才好的说法。

铝合金、烤漆龙骨的特点

常用铝合金龙骨一般为 T 形，根据面板的安装方式不同，分为龙骨底面外露和不外露两种，并有专用配件供安装时使用。另外，还有槽形铝合金龙骨。铝合金型材具有质地牢固坚硬、色泽美观、不生锈等优点。铝合金烤漆龙骨主要用作居室顶面的吊顶。

铝合金、烤漆龙骨的选购技巧

在选购铝合金龙骨时，一定要注意其硬度和韧度。因为铝合金龙骨的硬度和韧度都比轻钢龙骨高，如不到达硬度标准，容易造成吊顶在安装过程中下沉、变形，还不如选择轻钢龙骨。但其缺点是成本偏高。

> 近年来市场上出现了烤漆饰面铝合金骨架，以彩色线条加以装饰，效果非常不错，称之为烤漆龙骨。随着铝合金材料的开发，其他材质也相继推出了烤漆龙骨系列，所以目前市场上所销售的烤漆龙骨有铝合金、钢板等多种材质，在选购时要按照需求来选择，不要一味地追求高价格的材料。

木线的特点

木质线条从材料上又分为实木线条和复合线条。

（1）实木线条是选用硬质、组织细腻、材质较好的木材，经干燥处理后，用机械加工或手工加工而成。实木线条纹理自然、浑厚，尤其是名贵木材，成本较高。其特点主要表现为表面光滑，棱角、棱边、弧面、弧线挺直、圆润、轮廓分明、耐磨、耐腐蚀、不易劈裂、上色性好、易于固定等。制作实木线的主要树种多为柚木、山毛榉、白木、水曲柳、椴木等。

（2）复合线条是以纤维密度板为基材，表面通过贴塑、喷涂形成丰富的色彩及纹理。

> 木质线条造型丰富，式样雅致，做工精细。从形态上一般分为平板线条、圆角线条、槽板线条等。主要用于木质工程中的封边和收口，可以与顶面、墙面和地面完美地配合，也可用于门窗套、家具边角、独立造型等构造的封装修饰。

木线的选购技巧

在购买木线产品时应注意以下几点。

图 3-3　木线的选购技巧

（1）选择有合格证、正规标签、电脑条码齐全的产品，并可向经销商索取检验报告。

（2）选购木制装饰线条时，应注意含水率必须在 11% ~ 12% 左右。

（3）木线分为未上漆木线和上漆木线。

选购未上漆木线应先看整根木线是否光洁、平实，手感是否顺滑、有无毛刺。尤其要注意木线是否有节疤、开裂、腐朽、虫眼等现象。

选购上漆木线，可以从背面辨别木质、毛刺多少，仔细观察漆面的光洁度，上漆是否均匀，色度是否统一，是否存在色差、变色等现象。

（4）提防以次充好。木线也分为清油和混油两类。清油木线对材质要求较高，市场售价也较高。混油木线对材质要求相对较低，市场售价也较低。

> 季节不同，购买木线时也要注意。夏季时尽量不要在下雨或雨后一两天内购买；冬季时的木线在室温下会脱水收缩变形，购买时尺寸要略宽于所需木线宽。

石膏线的特点

石膏线条以石膏为主，加入骨胶、麻丝、纸筋等纤维，增强石膏的强度，用于室内墙体构造角线、柱体的装饰。

优质石膏线条的浮雕花纹凸凹应在 10mm 以上，花纹制作精细，具有防火、阻燃、防潮、质轻、强度高、不变形、施工方便、加工性能和装饰效果好等特点。

石膏线的选购技巧

在选择石膏线时，应注意以下几点。

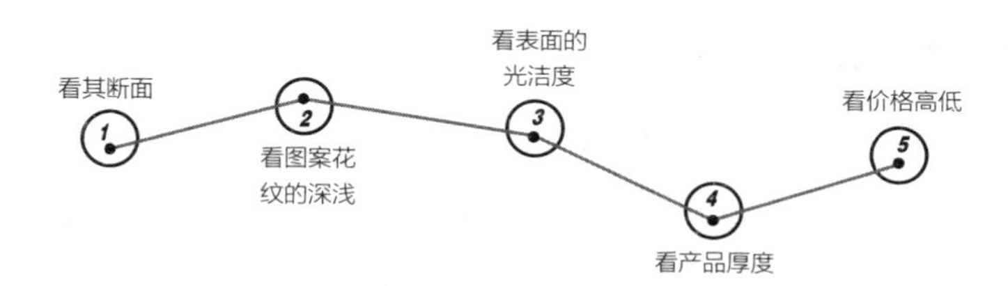

图 3-4　石膏线的选购技巧

1 看其断面

成品石膏线内要铺数层纤维网，这样石膏附着在纤维网上，就会增加石膏线的强度。劣质石膏线内铺网的质量差，未满铺或层数很少，甚至以草、布代替，这样都会减弱石膏线的附着力，影响石膏线质量，而且容易出现边角破裂，甚至断裂的现象。

2 看图案花纹的深浅

在安装完毕后，还需要经表面的刷漆处理，由于其属于浮雕性质，表面的涂料占有一定的厚度，如果浮雕花纹的凹凸小于10mm，那么饰出来的效果很难有立体感，就好似一块平板，从而失去了安装石膏线的意义。

3 看表面的光洁度

由于安装石膏线后，在刷漆时不能再进行打磨等处理，因此对表面光洁度的要求较高。只有表面细腻、手感光滑的石膏线在安装刷漆后，才会有好的装饰效果。如果表面粗糙、不光滑，安装刷漆后就会给人一种粗糙、破旧的感觉。

4 看产品厚薄

石膏属于气密性胶凝材料，因此石膏线必须具有一定的厚度，才能保证其分子间的亲和力达到最佳程度，从而保证其有一定的使用年限和在使用期内的完整、安全。如果石膏线太薄，不仅使用年限短，而且容易存在安全隐患。

5 看价格高低

由于石膏线的加工属于普及性产业，相对的利润差价不是很高，所以可说是一分钱一分货。与优质石膏线的价格相比，低劣的石膏线价格便宜 1/3 ~ 1/2。这一低廉价格虽然极具吸引力，但往往在安装使用后便明显露出缺陷，造成遗憾。

电线的特点

家庭装饰装修所用的电线一般分为护套线和单股线两种。护套线为单独的一个回路，外部有 PVC 绝缘套保护，而单股线需要施工员来组建回路，并穿接专用 PVC 线管方可入墙埋设。接线选用绿黄双色线，接开关线火线用红、白、黑、紫等任一种。但在同一家装工程中用线的颜色用途应一致。穿线管应用阻燃 PVC 线管，其管壁表面应光滑，壁厚要求达到手指用劲捏不破的强度，而且应有合格证书，也可以用国标的专用镀锌管做穿线管。为了防火、维修及安全，必须选用有强制认证标志的“国标”铜芯电线。

电线以卷计量，一般情况下每卷线材应为 100m，其规格一般按截面面积划分：照明用线选用 1.5mm^2，插座用线选择 2.5mm^2，空调用线不得小于 4mm^2。现在也有每卷 25m、50m 等多种规格的电线。

表 3-1　电线操作遵循标准

主线	用 2.5mm^2 铜线
空调线	用 4mm^2 的，且每台空调都要单独走线
信号线	电话线、电视线等信号线不能跟电线平行走线
埋线	电线要用保护胶盒，埋入墙体的时候要用胶管（包括 PVC 管），接口一定要直头或弯头。不能使用胶管的地方，必须使用金属软管予以保护

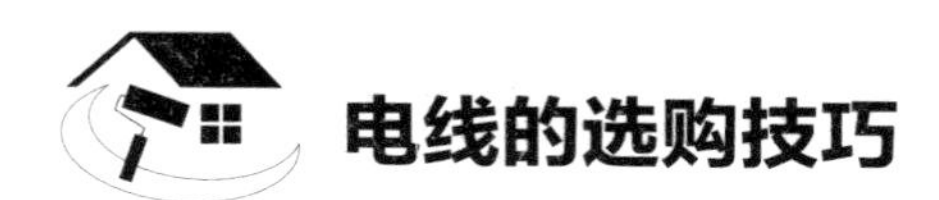

电线的选购技巧

图 3-5 电线的选购技巧

（1）首先看成卷的电线包装牌上有无国家强制性认证"CCC"标志和生产许可证号。

（2）再看电线外层塑料皮是否色泽鲜亮、质地细密，用打火机点燃应无明火。非正规产品使用的是再生塑料，色泽暗淡，质地疏松，能点燃明火。

（3）看长度、比价格。如 B V V 2×2.5 每卷的长度是 100m±5m，市场售价 280 元左右；非正规产品长度多在 60 ～ 80m 不等，有的厂家把绝缘外皮做厚，使内行人士也难以看出问题。但可以数一下电线的圈数，然后乘以整卷的半径，就可大致推算出长度，该类产品价格在 100 ～ 130 元之间；其次可以要求商家剪一个断头，看是否为铜芯材质。2×2.5 铜芯直径为 1.784mm，可以用千分尺量一下。

正规产品电线使用精红紫铜，外层光亮而稍软。非正规产品铜质偏黑而发硬，属再生杂铜，电阻率高，导电性能差，会升温而且不安全。其中 BVV 是国家标准代号，为铜质护套线，2×2.5 代表 2 芯 $2.5mm^2$；4×2.5 代表 4 芯 $2.5mm^2$。

（4）看外观。在选购电线时应注意电线的外观应光滑平整，绝缘和护套层无损坏，标志印字清晰，手摸电线时无油腻感。从电线的横截面看，电线的整个圆周上绝缘或护套应有一定的厚度，且应均匀，不偏芯。

（5）业主在选购电线时应注意导体线径是否与合格证上明示的截面相符，若导体截面偏小，容易使电线发热引起短路。建议家庭照明线路用电线采用 $1.5mm^2$ 及以上规格；空调、微波炉等用功率较大的家用电器应采用 $4mm^2$ 及以上规格的电线。

铜线分为 BVR 线、BV 线，按线芯结构又分多股和单股。按照国家的有关规定，电表前铜线截面积应选择 $10mm^2$，住宅内的一般照明及插座铜线截面使用 $2.5mm^2$，而空调等大功率家用电器的铜导线截面至少应选择 $4mm^2$。

穿线管的选购技巧

通常情况下，家庭装修中穿线管应用阻燃 PVC 线管，其管壁表面应光滑，壁厚要求达到手指用劲捏不破的强度，而且应有合格证书，也可以用符合国标的专用镀锌管做穿线管。

（1）阻燃 PVC 穿线管的选购与验收。

①阻燃 PVC 管在火焰上烧烤离开后，自燃火能迅速熄灭，避免火势沿管道蔓延。

②由于其传导性差，在出现火灾的情况下，能在较长时间内有效地保护线路，保证电器控制系统运行，便于人员疏散。

③由于阻燃 PVC 管的疏缘性好，能承受高压而不被击穿，能有效避免漏、触电危险。

④ PVC 管具有耐一般酸碱性能，同时管内不含增塑剂，因此无虫鼠危害。

⑤抗压力强，能承受强压力，适合于明装或暗装在混凝土中，不怕受压破裂。

选用时应注意管内外壁光滑、无毛刺，管壁厚薄均匀。阻燃 PVC 穿线管弯曲采用弹簧式弯管器，弯曲后不开裂，不凹陷。该管材分为轻型（薄型）、中型（管壁中厚型）、重型（管壁加厚型）。

表 3-2　PVC 管分类及特点

轻型管	只适用于顶棚内敷设	其特点是价格便宜、质轻、强度差、不耐压，家庭装饰中用量较少

续表

中型管	适用于混凝土内、墙体内、地坪内敷设	其特点是价格较低、质量、强度适中，家庭装饰中多用此管
重型管	适用于有重力作用的场所混凝土内、地坪内敷设	其特点是价格高、质量好、强度大、耐压好，家庭装饰中用此管不经济，所以用量较少

（2）镀锌穿线管的选购与验收。

选择镀锌穿线管应注意管内外壁是否光滑，有无毛刺，管材接缝焊接是否平滑、牢固，断面是否呈圆形，有无凹凸状。管壁厚薄是否均匀，在整根管中任意处断开，都应便于绞丝。

水泥的选购技巧

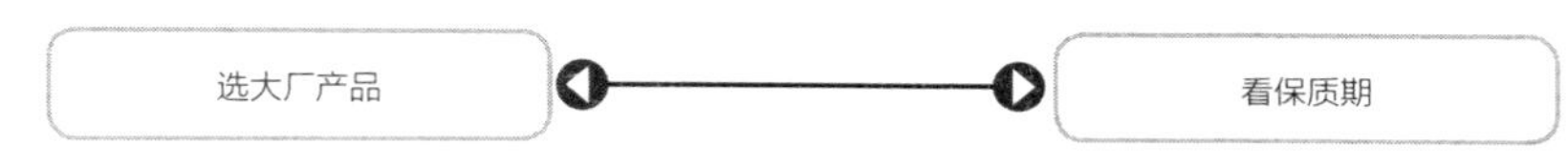

图 3-6　水泥的选购技巧

（1）在家庭装修中，为了保证水泥砂浆的质量，水泥在选购时一定要注意是否是大厂生产的硅酸盐水泥；砂应选中砂，中砂的颗粒粗细程度十分适用于水泥砂浆中。反之太细的砂吸附能力不强，不能产生较大摩擦从而无法粘牢瓷砖。

（2）水泥也有保质期，一般而言，超过出厂日期 30 天的水泥强度将有所下降。储存 3 个月后的水泥强度会下降 10% ~ 20%，6 个月后降低 15% ~ 30%，一年后降低 25% ~ 40%。

能正常使用的水泥应无受潮结块现象，优质水泥用手指捻水泥粉末有颗粒细腻的感觉。劣质的水泥用手指捻有粗糙感，说明其细度较粗、不正常，使用时强度低、黏性很差。此外，优质水泥在 6 小时以上能够凝固。超过 12 小时仍不能凝固的水泥质量不好。

在家庭装修中，经常看到有工人师傅用白水泥代替勾缝剂进行勾缝，但是这两者是完全不同的两种材质，后者可要贵不少，千万别被忽悠了！

白水泥说白了就是水泥的一种，只不过制作工艺和添加料不同罢了，白水泥是按照白度来划分的，分为特级、一级、二级、三级几种，这点跟普通水泥又不太一样。白水泥在使用过程中，有一点最为重要：一定要加建筑用胶进行拌合，否则强度不够。如果看到工人师傅就简单地兑点水就用了，那就是在偷工减料了！

目前白水泥使用的已经不太多了，大多数家庭装修勾缝还是使用效果和质量更好的专用勾缝剂。

铝塑复合管的特点

铝塑复合管是新一代的新型环保化学材料。

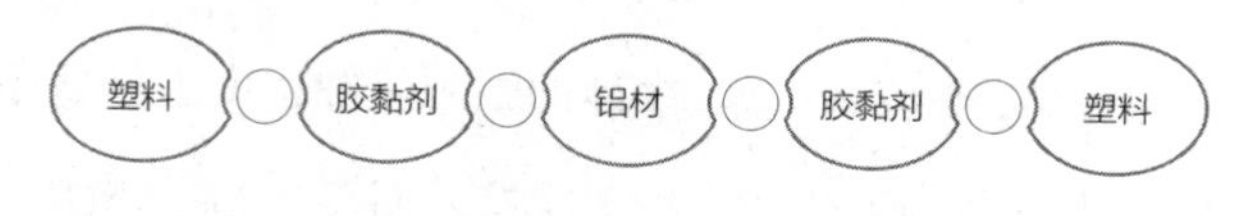

图 3-7　铝塑复合管结构

铝塑复合管内外层是聚乙烯塑料，中间层是铝材，集塑料管与金属管的优点于一身，经热熔共挤复合而成。一般工作压力为 1.0MPa。介质温度为 －40 ~ 60℃，额定工作压力一般为 1.0MPa。铝塑管工作温度一般为 95℃以下，额定工作压力一般为 1.0MPa。

铝塑复合管和其他塑料管道的最大差别是它结合了塑料和金属的长处，具有独特的优点：机械性能优越，耐压较高；采用交联工艺处理的交联聚乙烯（PEX）做的铝塑复合管，耐温较高，可以长期在 95℃温度下使用，并抗气体的渗透，且热膨胀系数低。

铝塑复合管有较好的保温性能，内外壁不易腐蚀，因内壁光滑，对流体阻力很小；又可随意弯曲，所以安装施工方便。作为供水管道，铝塑复合管有足够的强度，但若横向受力太大，则会影响强度，所以宜作明管施工或埋于墙体内，不宜埋入地下。

铝塑复合管的选购技巧

在选购铝塑复合管时，应注意以下几点。

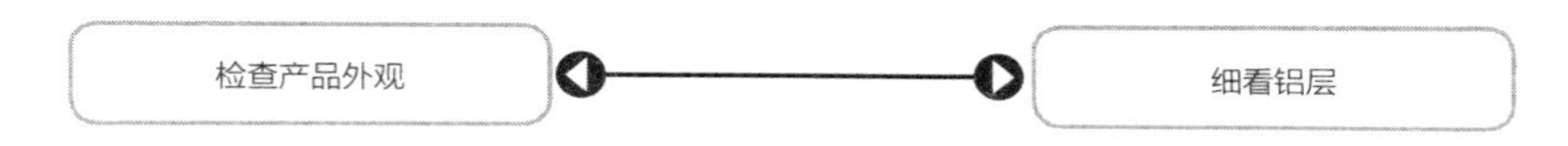

图 3-8　铝塑复合管的选购技巧

1 检查产品外观

品质优良的铝塑复合管，一般外壁光滑，管壁上商标、规格、适用温度、米数等标识清楚，厂家在管壁上还打印了生产编号，而伪劣产品一般外壁粗糙、标识不清或不全、包装简单、厂址或电话不明。

2 细看铝层

好的铝塑复合管，在铝层搭接处有焊接，铝层和塑料层结合紧密，无分层现象，而伪劣产品则不然。

PP-R 管的特点

PP-R 的正式名称为无规共聚聚丙烯，是由丙烯与其他烯烃单体共聚而成的无规则共聚物。由于 PP-R 管在施工中采用热熔连接技术，故又被称为热熔管。PP-R 管在安装时采用热熔工艺，可做到无缝焊接，也可埋入墙内，它的优点是价格比较便宜，施工方便。

表 3-3 PP-R 管的特点和用途

特点	1. 耐腐蚀、不易结垢，消除了镀锌钢管锈蚀结垢造成的二次污染。 2. 耐热，可长期输送温度为 70℃以下的热水。 3. 保温性能好，20℃时的热导率仅约为钢管的 1/200，紫铜管的 1/1400。 4. 卫生、无毒，可以直接用于纯净水、饮用水管道系统。 5. 重量轻，强度高，PPR 密度为 0.89 ~ 0.91g/cm^3，仅为钢管的 1/9，紫铜管的 1/10。 6. 管材内壁光滑，不易结垢，管道内流体阻力小，流体阻力远低于金属管道
用途	1. 建筑物的冷热水系统，包括集中供热系统。 2. 建筑物内的采暖系统、包括地板、壁板及辐射采暖系统。 3. 可直接饮用的纯净水供水系统。 4. 中央（集中）空调系统。 5. 输送或排放化学介质等工业用管道系统

PP-R 管的选购技巧

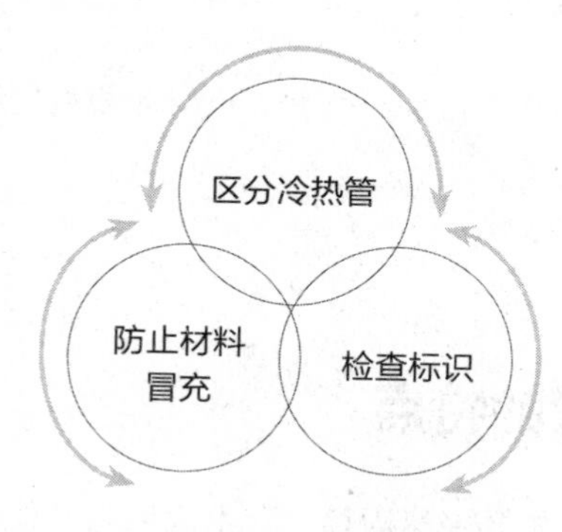

图 3-9 PP-R 管的选购技巧

（1）PP-R管有冷水管和热水管之分，但无论是冷水管还是热水管，管材的材质应该是一样的，其区别只在于管壁的厚度不同。

（2）一定要注意，目前市场上较普遍存在管件、热水管用较好的原料，而冷水管却用PP-B（PP-B为嵌段共聚聚丙烯）冒充PP-R的情况。不同材料的焊接因材质不同，焊接处极易出现断裂、脱焊、漏滴等情况，在长期使用下成为隐患。

（3）选购时应注意管材上的标识，产品名称应为“冷热水用无规共聚聚丙烯管材”或“冷热水用PP-R管材”，并有明示执行的国家标准“GB/T 18742—2002”。当发现产品被冠以其他名称或执行其他标准时，应引起注意。

白乳胶的特点

白乳胶又称聚醋酸乙烯乳液，是一种乳化高分子聚合物。白乳胶是由醋酸乙烯与乙烯经聚合而成，共聚体简称EVA，外观为乳白色稠厚液体，一般无毒无味、无腐蚀、无污染，是一种水性胶黏剂。

白乳胶具有常温固化快、成膜性好、粘接强度大、抗冲击、耐老化等特点，其粘接层具有较好的韧性和耐久性。固体含量为50%±2%，pH值为4～6。对木材、纸张、纤维等材料粘接力强。

白乳胶广泛应用于印刷业，木材粘接、建筑业、涂料等许多方面。在室内装饰装修工程中一般用于木制品的粘接和墙面腻子的调和，也可用于粘接壁纸、水泥增强剂、防水涂料及木材粘接剂等。

白乳胶的选购技巧

在选购时，应注意以下几点。

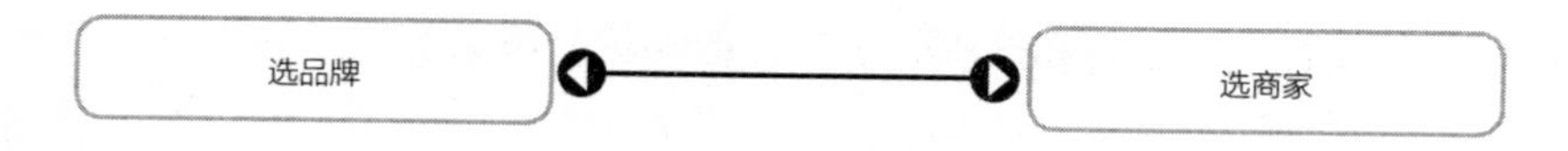

图 3-10　白乳胶的选购技巧

（1）在选购白乳胶时，要选择名牌企业生产的产品，要看清包装及标识说明。注意胶体应均匀，无分层，无沉淀，开启容器时无刺激性气味。

（2）选择名牌企业生产的产品及在大型建材超市销售的产品，因为大型建材超市讲信誉、重品牌，有一套完善的进货渠道，产品质量较为可靠，价位也相对合理。

“三分涂料，七分腻子”可见腻子的质量对墙面装饰有多么重要，在选购腻子时有以下几个窍门。

（1）看。好的腻子看上去精白细腻、无硬块；劣质腻子则发黄、粗糙、有受潮硬块。好的厂家在包装上都比较重视品牌展示，证书（包括检测报告）应权威可靠；一些小厂则往往马虎了事。

（2）闻。好的腻子闻起来不刺鼻，比较自然；而劣质腻子则有比较重的白灰味、呛鼻。

（3）问。向品牌设计公司、设计师或装修过的朋友和邻居打听，然后上网看别人的评论，对于辅材而言，口碑很重要！

（4）试。最后就是现场试了，刮一点腻子，然后试。好的腻子比较好刮，摸起来也光滑细腻，用指甲划一下，只有浅浅的痕迹，劣质的腻子会比较难刮，显粗糙，一划一道深痕！喷点水再用手擦，好的腻子基本不掉粉，差的一摸就是满手白粉。

地漏的特点

地漏是连接排水管道系统与室内地面的重要接口。作为住宅中排水系统的重要部件，它的性能好坏直接影响室内空气的质量，对卫浴间的异味控制非常重要。地漏虽小，但要选择一款合适的地漏需要考虑的问题也很多。

从使用功能上分，地漏分为普通使用和洗衣机专用两种。洗衣机专用地漏在中间有一个圆孔，可供排水管插入，上覆可旋转的盖。不用时可以盖上，用时旋开，非常方便，但防臭功能不如普通地漏，然而由于很多设计师建议房间中尽量不要过多地设置和安装地漏，目前也有一些地漏是两用的。

由于地漏埋在地面以下，而且要求密封好，所以不能经常更换，因此选择适当材质的地漏就非常重要，其中全铜地漏因其优秀的性能，开始占有越来越大的市场份额。

表 3-4　地漏分类及特点

不锈钢地漏	不锈钢地漏因为外观漂亮，在前几年颇为流行，但是不锈钢造价高，且镀层薄，因此过不了几年仍然会生锈
PVC 地漏	PVC 地漏价格便宜，防臭效果也不错，但是材质过脆，易老化，用不了太长时间就需更换，因此市场也不看好
全铜地漏	目前装修中应用最多的是全铜镀铬地漏，它镀层厚，即使时间长了，生了铜锈，也比较好清洗。一般情况下，全铜地漏至少可以使用 6 年

除了散水畅快外，防臭是最关键的。现在市场上的地漏基本上都具有防臭功能，但由于防臭原理、设施、方式的不同，价格也不尽相同。在选购时应根据自己的需要选择适合的一款。

图 3-11　三种防臭地漏

（1）水防臭地漏是最传统也最常见的，它主要是利用水的密闭性防止异味的散发。在地漏的构造中，储水弯是关键。这样的地漏应该尽量选择储水弯比较深的，不能只图外观漂亮。按有关标准，新型地漏的本体应保证的水封高度是5cm，并有一定的保持水封不干涸的能力，以防止泛臭气。

（2）密封防臭地漏是指在漂浮盖上加一个上盖，将地漏体密闭起来以防止臭气。这款地漏的优点是外观现代前卫，而缺点是使用时每次都要弯腰去掀盖子，比较麻烦，但是最近市场上出现了一种改良的密封式地漏，在上盖下装有弹簧。使用时用脚踏上盖，上盖就会弹起，不用时再踏回去，相对方便多了。

（3）三防地漏是迄今为止最先进的防臭地漏。它在地漏体下端排管处安装了一个小漂浮球，利用下水管道里的水压和气压将小球顶住，使其和地漏口完全闭合，从而起到防臭、防虫、防溢水的作用。

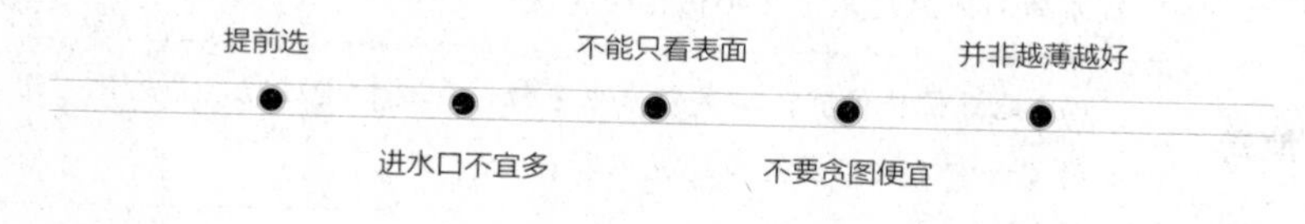

图 3-12　地漏的选购技巧

（1）房地产商在交房时排水的预留孔都比较大，需要装修人员予以修整。许多业主是在装修最后根据装修队修整过的排水口尺寸去选购地漏，但市场上的地漏却全部是标准尺寸，所以选不到满意产品的情况时有发生。因此提醒消费者，应在装修的设计阶段就选定自己中意的地漏，然后根据地漏的尺寸去施工排水口。另外地漏箅子的开孔孔径应控制在6 ~ 8mm之间，防止头发、污泥、砂粒等污物进入地漏。

（2）多通道地漏的进水口不宜过多。多通道地漏是近年来开发的产品，一个本体通常有3 ~ 4个进水口（承接洗面器、浴缸、洗衣机和地面排水），这种结构不仅影响地漏的排水量，而且也不符合实际的设计情况。所以多通道地漏的进水口不应过多，有两个（地面和浴缸或地面和洗衣机）即可满足需要。

（3）很多消费者在购买地漏时，以地漏表面的光亮程度和地漏的轻重为判断好坏标准。其实地漏表面的光亮程度是厂家在生产过程中采用不同材质和不同的工艺所造成的结果，通常不锈铁与合金镀铬、镀镍产品比较光亮，属于高光。不锈钢拉丝、铜拉丝为亚光产品。

当然产品重量确实代表了产品的不同材质，重量顺序依次为：

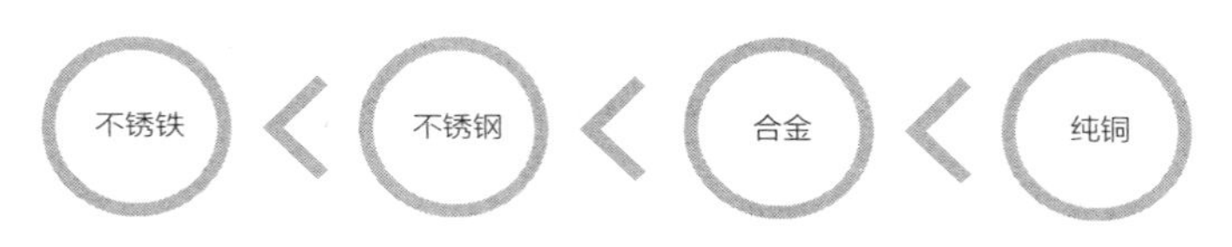

图 3-13　重量顺序图

就目前科技而言，不管是什么材质，其使用寿命都不是问题，因此在选择地漏时应以产品的功能为主。

（4）购买地漏时不要一味追求价格低廉，而应注重产品功能性。购买地漏应考虑四大要素。

①地漏要绝对防臭，国家标准达到 5cm 水封的地漏才是标准的防臭地漏。

②地漏主要功能是排水，一定要选择排水速度快的地漏，像坐便器一样具有虹吸功能的地漏，排水速度才快。

③要便于清理，绝对不能堵。

④ 水封存水时间长，家里长时间没人也能保证房间不会臭。

（5）地漏并非越薄越好。很多水工在安装地漏时会建议业主选购超薄地漏。其目的就是为了安装便利，而不考虑功能问题，从而使房间容易产生异味。超薄地漏的弊端在于：它是平面排水，不能形成有效地排水涡流，因此排水速度相对较慢；如果是箱盅式水封，存水量少，防臭时间短。

阀门的特点

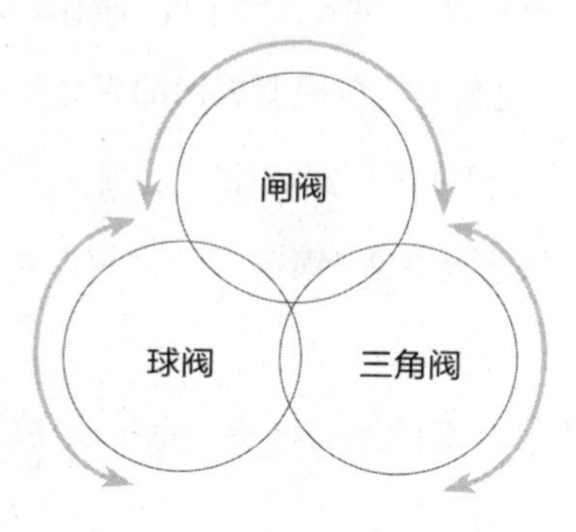

图 3–14　阀门形式

目前普通家庭常用的一般有闸阀、球阀、三角阀等形式，一般为铁制或铜制。由于铜合金的力学性能好，具有不易生锈、耐蚀性强的优点，因此铜制阀门已渐渐取代了铁制阀门。

（1）三角阀表面基本都采用电镀，它的作用不仅是控制管道介质的流量，也能起到装饰作用。三角阀一般连接管道和进水软管用于水嘴、坐便器供水用，也有连接管道和进水软管用于热水器供水的。

（2）闸阀基本用于管道和水表的连接。

（3）球阀用于管道和热水器的连接。由于球阀启闭比闸阀方便，目前管道和水表的连接也大部分采用球阀。

阀门的选购技巧

根据需要，业主可选择不同类型的阀门。由于阀门是用于控制管道介质的，如果选择质量差的阀门，容易造成水等其他介质的泄漏，发生房屋进水，造成财产损失。因此选购质量好的阀门十分重要，具体要注意以下几点。

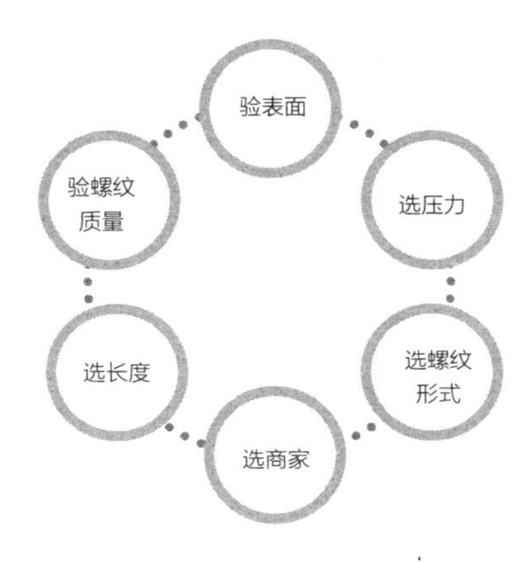

图 3-15 阀门的选购技巧

（1）目测阀门表面应无砂眼；电镀表面应光泽均匀，须注意有无脱皮、龟裂、烧焦、露底、剥落、黑斑及明显的麻点等缺陷；喷涂表面组织应细密、光滑均匀，不得有流挂、露底等缺陷。上述缺陷会直接影响阀门的使用寿命。

（2）阀门的管螺纹是与管道连接的，在选购时目测螺纹表面有无凹痕、断牙等明显缺陷，特别要注意的是管螺纹与连接件的旋合有效长度将影响密封的可靠性，选购时要注意管螺纹的有效长度。一般 DN15 的圆柱管螺纹有效长度在 10mm 左右。

（3）闸阀、球阀一般在其阀体或手柄上标有公称压力，选购时可根据自己需要来定。

（4）如果业主要更换现有的闸阀或球阀时，要弄清其结构长度，以免购买后不能安装。

（5）三角阀的管螺纹有内螺纹和外螺纹两种，业主要根据需要选购；还要注意的是目前市场上有部分锌合金制造的三角阀，该阀门售价比一般要低，但易腐蚀而造成断裂，使用久了以后，会烂在管道中，造成维修困难的情况。

（6）应尽量在正规的建材商店、超市选购，这样产品质量较能保证。

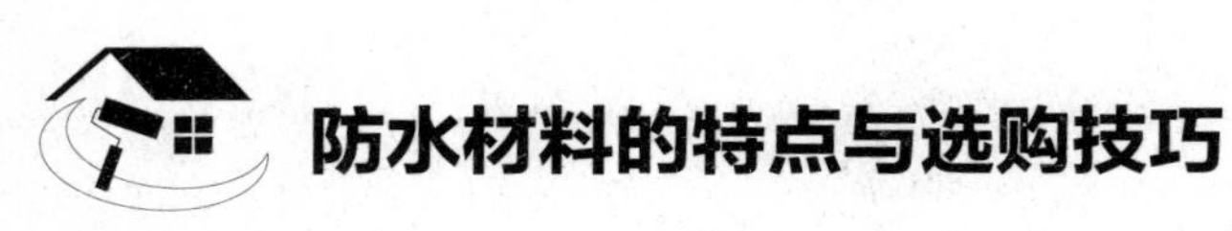

防水材料的特点与选购技巧

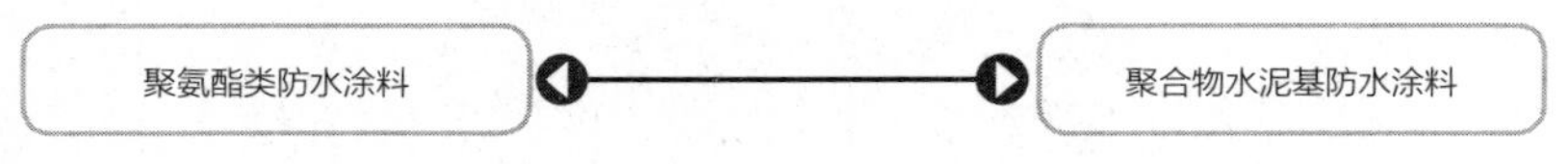

图 3-16　防水材料分类

（1）聚氨酯类防水涂料。这类材料一般是由聚氨酯与煤焦油作为原材料制成。它所挥发的焦油气毒性大，且不容易清除，因此于 2000 年在我国被禁止使用。尚在销售的聚氨酯防水涂料，是用沥青代替煤焦油作为原料。但在使用这种涂料时，一般采用含有甲苯、二甲苯等有机溶剂来稀释，因而也含有毒物质。

（2）聚合物水泥基防水涂料，它由多种水性聚合物合成的乳液与掺有各种添加剂的优质水泥组成，聚合物（树脂）的柔性与水泥的刚性结为一体，使得它在抗渗性与稳定性方面表现优异。它的优点是施工方便、综合造价低，工期短，且无毒环保。因此，聚合物水泥基防水涂料已经成为防水涂料市场的主角。